Ruby Jindal

Unindo Mundos: O Poder da Investigação Interdisciplinar

Ruby Jindal

Unindo Mundos: O Poder da Investigação Interdisciplinar

ScienciaScripts

Imprint

Any brand names and product names mentioned in this book are subject to trademark, brand or patent protection and are trademarks or registered trademarks of their respective holders. The use of brand names, product names, common names, trade names, product descriptions etc. even without a particular marking in this work is in no way to be construed to mean that such names may be regarded as unrestricted in respect of trademark and brand protection legislation and could thus be used by anyone.

Cover image: www.ingimage.com

This book is a translation from the original published under ISBN 978-620-7-80743-7.

Publisher:
Sciencia Scripts
is a trademark of
Dodo Books Indian Ocean Ltd. and OmniScriptum S.R.L publishing group

120 High Road, East Finchley, London, N2 9ED, United Kingdom
Str. Armeneasca 28/1, office 1, Chisinau MD-2012, Republic of Moldova, Europe
Printed at: see last page
ISBN: 978-620-7-90260-6

Índice

Prefácio

Num mundo em rápida evolução, a complexidade dos desafios que enfrentamos ultrapassa frequentemente as fronteiras de qualquer domínio. A natureza interligada dos nossos problemas globais exige uma abordagem holística que aproveite os conhecimentos de diversas disciplinas. Este livro, "Bridging Worlds: The Power of Interdisciplinary Research", tem como objetivo iluminar o potencial transformador da colaboração interdisciplinar.

À medida que os avanços tecnológicos se aceleram e as questões sociais se tornam cada vez mais multifacetadas, a necessidade de investigação interdisciplinar nunca foi tão premente. Desde as alterações climáticas e a saúde pública até à inteligência artificial e à justiça social, as soluções para os problemas mais urgentes da atualidade encontram-se nas intersecções de vários domínios do conhecimento.

A investigação interdisciplinar, por definição, integra métodos, teorias e perspectivas de diferentes disciplinas para criar novos quadros para compreender e abordar questões complexas. Vai para além da mera colaboração, promovendo uma sinergia que pode levar a descobertas e inovações revolucionárias. Esta abordagem não só melhora a nossa capacidade de resolver problemas, como também enriquece as disciplinas envolvidas, abrindo novas vias de investigação e aplicação.

Por
Dr. Ruby Jindal
(Universidade K.R. Mangalam, Gurugram, Haryana, Índia)

Capítulo 1: Introdução à investigação interdisciplinar

Definição de investigação interdisciplinar

A investigação interdisciplinar (IDR) refere-se à integração e síntese de ideias, métodos e perspectivas de duas ou mais disciplinas académicas para promover a compreensão ou resolver problemas complexos. Ao contrário da investigação multidisciplinar, que envolve trabalho paralelo dentro das disciplinas sem integração, ou da investigação transdisciplinar, que transcende as fronteiras disciplinares tradicionais para criar novos quadros, a IDR mantém a integridade das disciplinas originais ao mesmo tempo que promove a colaboração.

O termo "interdisciplinar" engloba um vasto espetro de abordagens de colaboração. Pode envolver a combinação de quadros teóricos, a aplicação de metodologias mistas ou a formação de equipas de peritos de vários domínios. O objetivo final é aproveitar os pontos fortes e as perspectivas de cada disciplina para criar soluções mais abrangentes e robustas do que qualquer disciplina poderia conseguir sozinha.

Contexto histórico e evolução

As raízes da investigação interdisciplinar remontam às civilizações antigas, onde a filosofia, a ciência e a arte se entrelaçavam. Figuras notáveis como Aristóteles e Leonardo da Vinci exemplificaram uma abordagem integradora do conhecimento. No entanto, à medida que as disciplinas académicas se foram especializando ao longo dos séculos, as barreiras entre campos aumentaram, levando à compartimentação do conhecimento.

O século XX marcou uma mudança significativa para abordagens interdisciplinares, impulsionada pelo reconhecimento de que os desafios globais complexos exigiam soluções integradas. O pós-Segunda Guerra Mundial assistiu ao aparecimento de domínios como a bioquímica, as ciências cognitivas e as ciências do ambiente, que exigiam inerentemente uma colaboração interdisciplinar. A criação de centros de investigação interdisciplinares e de mecanismos de financiamento apoiou ainda mais esta tendência.

Nas últimas décadas, a ascensão da ciência dos sistemas complexos, o advento das tecnologias digitais e a crescente interconectividade das questões globais vieram sublinhar ainda mais a necessidade de abordagens interdisciplinares. Atualmente, a IDR não é apenas uma metodologia respeitada, mas também um paradigma fundamental para enfrentar os desafios multifacetados do século XXI.

A razão de ser da investigação interdisciplinar

A razão de ser da investigação interdisciplinar baseia-se no reconhecimento de que os problemas mais prementes do nosso tempo - alterações climáticas, crises sanitárias globais, desenvolvimento sustentável e ética tecnológica, para citar apenas alguns - são complexos e multifacetados. Estes "problemas perversos" desafiam soluções simples e exigem abordagens abrangentes que recorram a múltiplos domínios de especialização.

1. **Complexidade e interconexão**: Os problemas modernos são frequentemente caracterizados pela sua complexidade e interligação. Por exemplo, abordar as alterações climáticas implica compreender a ciência atmosférica, os sistemas energéticos, as políticas económicas, o comportamento social e a dinâmica política. A IDR permite aos investigadores abordar esses problemas de forma holística.

2. **Inovação e criatividade**: Ao reunir diversas perspectivas, a investigação interdisciplinar promove a inovação e a criatividade. A polinização cruzada de ideias de diferentes domínios pode conduzir a novos conhecimentos e a descobertas revolucionárias que não surgiriam dentro dos limites de uma única disciplina.

3. **Soluções abrangentes**: A investigação interdisciplinar proporciona uma compreensão mais abrangente dos problemas e das soluções. Por exemplo, as iniciativas de saúde pública beneficiam da experiência combinada de epidemiologistas, sociólogos, economistas e decisores políticos, garantindo que as intervenções são eficazes, equitativas e sustentáveis.

4. **Colaboração reforçada**: A IDR promove a colaboração e a comunicação entre investigadores, fomentando uma cultura de abertura e respeito mútuo. Este espírito de colaboração pode

estender-se para além do meio académico e incluir partes interessadas da indústria, do governo e da sociedade civil, enriquecendo ainda mais o processo de investigação.

5. **Impacto no mundo real**: Em última análise, a investigação interdisciplinar tem por objetivo ter um impacto tangível no mundo. Ao abordar problemas do mundo real de uma forma holística e integrada, a IDR aumenta a relevância e a aplicabilidade dos resultados da investigação, colmatando o fosso entre a investigação académica e as necessidades da sociedade.

O cenário da investigação interdisciplinar

A investigação interdisciplinar abrange uma vasta gama de domínios e aplicações, reflectindo a natureza diversificada dos desafios contemporâneos. Alguns exemplos proeminentes incluem:

1. **Ciências do ambiente**: A abordagem das questões ambientais exige a integração de conhecimentos de ecologia, geologia, química, economia e ciências sociais. A investigação interdisciplinar neste domínio centra-se na compreensão e atenuação dos impactos das actividades humanas no mundo natural, promovendo o desenvolvimento sustentável e fomentando a resistência às alterações ambientais.

2. **Investigação biomédica**: A procura de compreensão e tratamento de doenças envolve uma convergência de biologia, química, física, engenharia e ciências informáticas. Desde o desenvolvimento de novas tecnologias médicas até ao avanço da medicina personalizada, a investigação interdisciplinar em biomedicina está a revolucionar os cuidados de saúde e a melhorar os resultados dos doentes.

3. **Inteligência Artificial e Ética**: O rápido avanço da inteligência artificial (IA) levanta questões éticas e sociais complexas. A investigação interdisciplinar nesta área combina conhecimentos de ciências informáticas, filosofia, direito, psicologia e sociologia para navegar nas implicações éticas da IA e garantir o seu desenvolvimento e utilização responsáveis.

4. **Planeamento urbano e sustentabilidade**: A criação de cidades sustentáveis e habitáveis exige a colaboração entre urbanistas, arquitectos, cientistas do ambiente, economistas e sociólogos. A investigação interdisciplinar em planeamento urbano aborda questões como o desenvolvimento de infra-estruturas, a gestão de recursos, a equidade social e a resistência às alterações climáticas.

5. **Saúde mundial**: Para enfrentar os desafios da saúde mundial, como as pandemias, a subnutrição e as disparidades na saúde, é necessária uma abordagem multidisciplinar. Especialistas em saúde pública, epidemiologistas, profissionais médicos, economistas e cientistas sociais trabalham em conjunto para desenvolver e implementar intervenções e políticas de saúde eficazes.

Abordagens metodológicas da investigação interdisciplinar

A investigação interdisciplinar utiliza uma variedade de abordagens metodológicas para integrar conhecimentos e resolver problemas complexos. Estas abordagens incluem:

1. **Integração concetual**: Trata-se de sintetizar teorias e conceitos de diferentes disciplinas para criar novos enquadramentos para a compreensão de um problema. Por exemplo, a integração de teorias psicológicas do comportamento com modelos económicos de tomada de decisões pode proporcionar uma compreensão mais abrangente do comportamento do consumidor.

2. **Integração metodológica**: A combinação de métodos de investigação de diferentes disciplinas pode aumentar o rigor e o âmbito de um estudo. Por exemplo, a investigação com métodos mistos, que incorpora abordagens qualitativas e quantitativas, pode proporcionar uma compreensão mais matizada dos fenómenos sociais.

3. **Equipas de colaboração**: A formação de equipas de investigação interdisciplinares é uma abordagem comum à IDR. Estas equipas reúnem especialistas com formações diversas para trabalharem numa questão de investigação comum, promovendo a comunicação e a colaboração interdisciplinares.

4. **Investigação translacional**: Esta abordagem centra-se na aplicação dos resultados da investigação fundamental a aplicações práticas. Em áreas como a medicina, a investigação translacional faz a ponte entre as descobertas laboratoriais e a prática clínica, assegurando que os avanços científicos beneficiam diretamente os doentes.

5. **Pensamento sistémico**: O pensamento sistémico é uma abordagem holística que encara os problemas complexos como sistemas interligados. Ao analisar as relações e interacções dentro de um sistema, os investigadores podem identificar pontos de alavancagem para intervenção e desenvolver soluções mais eficazes.

Desafios e oportunidades da investigação interdisciplinar

Embora a investigação interdisciplinar ofereça numerosas vantagens, apresenta também desafios únicos. Estes desafios incluem:

1. **Barreiras de comunicação**: Os investigadores de diferentes disciplinas têm frequentemente terminologias, metodologias e pressupostos epistemológicos distintos. A comunicação efectiva é crucial para uma colaboração bem sucedida, mas pode ser difícil ultrapassar estas diferenças.

2. **Barreiras institucionais**: As instituições académicas e as agências de financiamento estão frequentemente organizadas segundo linhas disciplinares, o que pode dificultar a colaboração interdisciplinar. A superação destas barreiras institucionais exige mudanças nas estruturas organizacionais, nos mecanismos de financiamento e nos critérios de avaliação.

3. **Rigor intelectual**: Manter o rigor intelectual na investigação interdisciplinar pode ser um desafio, uma vez que exige que os investigadores sejam bem versados em vários domínios. Garantir a qualidade e a validade do trabalho interdisciplinar exige uma conceção, implementação e revisão pelos pares cuidadosas.

4. **Equilíbrio entre profundidade e amplitude**: Os investigadores interdisciplinares devem equilibrar a profundidade dos conhecimentos no seu domínio principal com a amplitude dos

conhecimentos em várias disciplinas. Este equilíbrio é essencial para produzir investigação significativa e com impacto.

Apesar destes desafios, as oportunidades oferecidas pela investigação interdisciplinar são imensas. Ao promover uma abordagem colaborativa e integradora da criação de conhecimentos, a IDR pode impulsionar a inovação, informar as políticas e enfrentar os desafios complexos com que a sociedade se depara atualmente e no futuro.

O caminho a seguir

À medida que avançamos no século XXI, a importância da investigação interdisciplinar continuará a crescer. Enfrentar os desafios multifacetados do nosso tempo exige um esforço concertado para quebrar os silos disciplinares e promover a colaboração entre campos. Este livro tem como objetivo fornecer um roteiro para navegar na paisagem interdisciplinar, oferecendo ideias, estratégias e inspiração para investigadores, académicos, decisores políticos e estudantes.

Nos capítulos seguintes, aprofundaremos os fundamentos teóricos da investigação interdisciplinar, exploraremos abordagens metodológicas e examinaremos estudos de caso que destacam colaborações interdisciplinares bem sucedidas. Discutiremos também os aspectos práticos da realização de investigação interdisciplinar, desde a obtenção de financiamento e a formação de equipas até à transposição de barreiras institucionais e à comunicação dos resultados.

Ao abraçarmos o poder da investigação interdisciplinar, podemos abrir novas possibilidades de descoberta e inovação, contribuindo, em última análise, para um mundo mais sustentável, equitativo e próspero. Junte-se a nós nesta viagem enquanto exploramos o potencial transformador de unir mundos e criar uma tapeçaria de conhecimentos que transcende as fronteiras disciplinares.

Capítulo 2: Fundamentos teóricos da investigação interdisciplinar

Fundamentos filosóficos

A investigação interdisciplinar (IDR) está profundamente enraizada em várias tradições filosóficas que defendem a integração e a síntese do conhecimento. Compreender estes fundamentos filosóficos é essencial para compreender a lógica e as metodologias que orientam a IDR.

1. **Holismo vs. Reducionismo**

   o **O holismo** defende que os sistemas e as suas propriedades devem ser analisados como um todo e não apenas como um conjunto de partes. Esta perspetiva é fundamental para a IDR, uma vez que enfatiza a interligação e a interdependência dos vários elementos de um sistema. O pensamento holístico incentiva os investigadores a olharem para além das fronteiras das disciplinas individuais para compreenderem os fenómenos complexos na sua totalidade.

   o **O reducionismo**, por outro lado, envolve a decomposição de fenómenos complexos em componentes mais simples para estudo. Embora o reducionismo tenha sido a abordagem dominante em muitas disciplinas científicas, muitas vezes não consegue captar a complexidade e o dinamismo dos problemas do mundo real. A IDR procura equilibrar os conhecimentos adquiridos através de abordagens reducionistas com uma perspetiva holística que reconhece as interacções e as propriedades emergentes dos sistemas.

2. **Epistemologia e Metodologia**

   o **A epistemologia**, o estudo do conhecimento e da crença justificada, desempenha um papel crucial na IDR. As diferentes disciplinas têm frequentemente fundamentos epistemológicos distintos, que influenciam os seus métodos, pressupostos e padrões de evidência. A IDR envolve a reconciliação destas diferenças para criar um quadro coeso para a compreensão de questões complexas.

- **O pluralismo metodológico** é um princípio fundamental do IDR, que defende a utilização de múltiplos métodos e abordagens para estudar um fenómeno. Este pluralismo reconhece que nenhum método único pode captar todos os aspectos de um problema complexo e que a combinação de técnicas qualitativas e quantitativas pode proporcionar uma compreensão mais abrangente.

3. Teoria dos sistemas

- **A teoria dos sistemas** fornece um quadro fundamental para a IDR. Considera os fenómenos como parte de sistemas mais vastos e interligados e dá ênfase às relações e interacções no interior desses sistemas. A teoria dos sistemas ajuda os investigadores a compreender como os diferentes componentes se influenciam mutuamente e como as mudanças numa parte do sistema podem ter impacto no todo.

- **Sistemas adaptativos complexos**: Na teoria dos sistemas, o conceito de sistemas adaptativos complexos é particularmente relevante para a IDR. Estes sistemas, como os ecossistemas, as economias e as redes sociais, apresentam propriedades e comportamentos emergentes que não podem ser previstos através do estudo isolado de componentes individuais. A compreensão destes sistemas exige uma abordagem interdisciplinar que integre conhecimentos de vários domínios.

Quadros conceptuais

Os quadros conceptuais em IDR fornecem formas estruturadas de integrar conhecimentos de diferentes disciplinas. Estes quadros orientam o processo de investigação, ajudando a organizar e a sintetizar diversas perspectivas.

1. Quadros integrativos

- **Quadros transdisciplinares**: Estes quadros ultrapassam as fronteiras disciplinares tradicionais para criar abordagens novas e integradoras da investigação. Por exemplo, a ciência da sustentabilidade combina conhecimentos da ciência ambiental, da economia, da sociologia e da ciência política para enfrentar os desafios complexos do desenvolvimento sustentável.

o **Modelos interdisciplinares**: Estes modelos fornecem uma forma estruturada de combinar teorias e conceitos de diferentes disciplinas. Um exemplo é o modelo sócio-ecológico, que integra perspectivas sociais e ecológicas para compreender as interacções homem-ambiente.

2. Objectos de fronteira

o **Os objectos de fronteira** são artefactos, conceitos ou processos que facilitam a comunicação e a colaboração para além das fronteiras disciplinares. Servem como pontos de referência comuns que ajudam os investigadores de diferentes áreas a compreender as perspectivas uns dos outros e a trabalhar em conjunto de forma mais eficaz. Os exemplos incluem modelos, diagramas e quadros que são suficientemente flexíveis para serem interpretados de forma diferente por diferentes disciplinas, mas suficientemente robustos para manterem uma identidade comum.

3. Plataformas de colaboração

o **Ambientes virtuais de investigação (VREs)**: Estas plataformas digitais apoiam a investigação em colaboração, fornecendo ferramentas para a partilha de dados, comunicação e gestão de projectos. Os VREs facilitam a colaboração interdisciplinar, permitindo que os investigadores trabalhem em conjunto sem problemas, independentemente da localização geográfica.

o **Centros de investigação interdisciplinares**: Estas estruturas físicas e organizacionais reúnem investigadores de diferentes disciplinas para trabalharem em problemas comuns. Ao proporcionar um ambiente de apoio à colaboração interdisciplinar, os centros de investigação desempenham um papel crucial na promoção da IDR.

A evolução da investigação interdisciplinar

A evolução da IDR reflecte mudanças mais amplas no panorama científico e nas necessidades da sociedade. Compreender esta evolução ajuda a contextualizar o estado atual da IDR e as suas orientações futuras.

1. **Primeiros trabalhos interdisciplinares**

   o **Exemplos históricos**: Historicamente, muitos grandes pensadores e descobertas foram inerentemente interdisciplinares. Por exemplo, o trabalho de Leonardo da Vinci abrangeu a arte, a ciência e a engenharia, demonstrando o poder da integração de conhecimentos de diferentes domínios.

   o **O Iluminismo**: O período do Iluminismo assistiu ao aparecimento de polímatas que contribuíram para várias disciplinas, lançando as bases para as abordagens interdisciplinares modernas. A ênfase na razão e nas provas empíricas durante este período encorajou a integração de conhecimentos em vários domínios.

2. **O século XX**

   o **Ciência no pós-guerra**: Após a Segunda Guerra Mundial, a complexidade dos desafios científicos e tecnológicos, como a corrida espacial e o desenvolvimento da tecnologia nuclear, exigiu a colaboração interdisciplinar. Este período assistiu à criação de instituições de investigação e de mecanismos de financiamento que apoiaram o trabalho interdisciplinar.

   o **O surgimento de novos domínios**: O final do século XX assistiu ao aparecimento de novos domínios interdisciplinares, como as ciências cognitivas, que integram a psicologia, a neurociência, a linguística e a informática para estudar a mente e a inteligência.

3. **O século XXI**

   o **Desafios globais**: O século XXI trouxe novos desafios globais, como as alterações climáticas, as pandemias e a cibersegurança, que exigem abordagens interdisciplinares. A natureza interligada destes problemas exige uma colaboração que ultrapasse as fronteiras disciplinares tradicionais.

- Avanços tecnológicos: Os avanços na tecnologia digital e na ciência dos dados facilitaram a investigação interdisciplinar, fornecendo novas ferramentas para a análise, modelação e comunicação de dados. Os grandes volumes de dados, a inteligência artificial e outras tecnologias permitem aos investigadores resolver problemas complexos de forma inovadora.

Teorias e modelos fundamentais na investigação interdisciplinar

Várias teorias e modelos fundamentais estão na base da investigação interdisciplinar, fornecendo quadros para a integração de conhecimentos e a resolução de problemas complexos.

1. **Teoria da Complexidade**

   - **A teoria da complexidade** analisa a forma como sistemas e padrões complexos emergem das interacções de componentes mais simples. Esta teoria é particularmente relevante para a IDR, uma vez que ajuda os investigadores a compreender como os diferentes elementos de um sistema se influenciam mutuamente e como surgem os comportamentos emergentes.

   - **Aplicações**: A teoria da complexidade tem sido aplicada em vários domínios, como a ecologia, a economia e as ciências sociais, para estudar fenómenos como a dinâmica dos ecossistemas, o comportamento do mercado e as redes sociais.

2. **Teoria dos Sistemas Sócio-Ecológicos (SES)**

   - **A teoria da SES** integra perspectivas sociais e ecológicas para compreender as interacções entre as sociedades humanas e os ambientes naturais. Sublinha a interconexão e a co-evolução dos sistemas sociais e ecológicos.

   - **Resiliência e adaptação**: Os conceitos-chave da teoria dos SES incluem a resiliência, a capacidade de um sistema absorver perturbações e manter a sua função, e a adaptação, a capacidade de um sistema mudar em resposta a pressões externas. Estes conceitos são cruciais para enfrentar os desafios da sustentabilidade.

3. **Teoria do Ator-Rede (ANT)**

   o **A ANT** explora a forma como as entidades humanas e não humanas, como as tecnologias, as instituições e os elementos naturais, formam redes que influenciam os processos sociais e tecnológicos. Esta teoria realça o papel dos actores humanos e não humanos na definição dos resultados.

   o **Aplicações**: A ANT tem sido utilizada em estudos científicos e tecnológicos, sociologia ambiental e planeamento urbano para compreender como as redes de actores interagem e se influenciam mutuamente.

4. **Modelos de avaliação integrada (MAI)**

   o **Os IAMs** combinam conhecimentos de diferentes disciplinas para avaliar questões complexas, como as alterações climáticas. Estes modelos integram dados e conhecimentos das ciências naturais, económicas e sociais para avaliar os impactos de várias políticas e cenários.

   o **Análise de cenários**: Os IAMs utilizam frequentemente a análise de cenários para explorar os resultados potenciais de diferentes escolhas políticas e para identificar caminhos para atingir os objectivos desejados, como a redução das emissões de gases com efeito de estufa.

O papel da investigação interdisciplinar no avanço do conhecimento

A investigação interdisciplinar desempenha um papel crucial no avanço dos conhecimentos, colmatando lacunas, promovendo a inovação e informando as políticas.

1. **Abordar as lacunas de conhecimento**

   o **Preenchimento de lacunas**: A IDR ajuda a preencher lacunas no conhecimento que não podem ser abordadas por uma única disciplina. Ao integrar conhecimentos de vários domínios, os investigadores podem desenvolver uma compreensão mais abrangente de questões complexas.

   o **Criação de novos conhecimentos**: A IDR conduz frequentemente à criação de novos conhecimentos que transcendem as fronteiras disciplinares. Estes novos conhecimentos podem fornecer novas perspectivas e soluções para problemas de longa data.

2. **Fomentar a inovação**

   o **Polinização cruzada de ideias**: A interação de diferentes perspectivas disciplinares pode levar à polinização cruzada de ideias, estimulando a criatividade e a inovação. Este processo pode resultar em novas abordagens, métodos e tecnologias.

   o **Descobertas revolucionárias**: Muitas descobertas revolucionárias resultaram da investigação interdisciplinar. Por exemplo, o desenvolvimento da tecnologia de edição de genes CRISPR envolveu a colaboração entre biólogos, químicos e cientistas informáticos.

3. **Informar a política**

   o **Políticas baseadas em provas**: O IDR fornece uma base sólida de provas para a elaboração de políticas, integrando conhecimentos de vários domínios. Esta compreensão abrangente ajuda os decisores políticos a conceber intervenções mais eficazes e holísticas.

   o **Responder a desafios societais**: A investigação interdisciplinar é particularmente valiosa para enfrentar desafios societais, como a saúde pública, a sustentabilidade ambiental e a justiça social. Ao informar a política com conhecimentos integrados, a IDR pode contribuir para resultados mais sustentáveis e equitativos.

Estudos de caso: Exemplificando os fundamentos teóricos na prática

Para ilustrar os fundamentos teóricos da investigação interdisciplinar, podemos examinar vários estudos de caso que destacam a integração de conhecimentos e métodos entre disciplinas.

1. **Investigação sobre alterações climáticas**

   o **Abordagem interdisciplinar**: A investigação sobre as alterações climáticas envolve a integração de conhecimentos das ciências atmosféricas, ecologia, economia, ciência política e sociologia. Esta abordagem interdisciplinar é essencial para compreender as causas, os impactes e as soluções para as alterações climáticas.

o **Relatórios do IPCC**: O Painel Intergovernamental sobre Alterações Climáticas (IPCC) sintetiza a investigação de várias disciplinas para fornecer avaliações abrangentes das alterações climáticas. Estes relatórios informam a política internacional e orientam os esforços globais de mitigação e adaptação às alterações climáticas.

2. Interação Humano-Computador (IHC)

o **Natureza interdisciplinar**: A investigação em IHC combina conhecimentos de informática, psicologia, design e antropologia para estudar o modo como as pessoas interagem com a tecnologia. Esta abordagem interdisciplinar ajuda a conceber tecnologias mais fáceis de utilizar e mais eficazes.

o **Conceção centrada no utilizador**: Os investigadores de IHC utilizam métodos da psicologia e da antropologia para compreender as necessidades e os comportamentos dos utilizadores, que servem de base à conceção de interfaces e sistemas informáticos. Esta integração de conhecimentos garante que as tecnologias são concebidas tendo em conta o utilizador.

3. Saúde pública

o **Desafios multifacetados**: Os desafios da saúde pública, como as pandemias e as disparidades na saúde, exigem uma abordagem interdisciplinar que integre a epidemiologia, a sociologia, a economia e a ciência política.

o **Resposta à COVID-19**: A resposta à pandemia de COVID-19 exemplifica a importância da IDR. Investigadores de várias áreas colaboraram para compreender o vírus, desenvolver vacinas, modelar a propagação da doença e avaliar os impactos sociais e económicos. Este esforço interdisciplinar foi crucial para informar as estratégias e políticas de saúde pública.

Conclusão

Os fundamentos teóricos da investigação interdisciplinar proporcionam um quadro sólido para integrar conhecimentos e enfrentar desafios complexos. Ao basear-se em tradições filosóficas, quadros conceptuais e teorias fundamentais, a IDR oferece uma abordagem abrangente para compreender e resolver problemas multifacetados.

À medida que avançamos, os princípios e metodologias da IDR continuarão a evoluir, impulsionados pela necessidade de enfrentar os desafios globais emergentes e as oportunidades apresentadas pelos avanços tecnológicos. Ao abraçarmos o poder da investigação interdisciplinar, podemos abrir novas possibilidades de descoberta, inovação e impacto, contribuindo, em última análise, para um mundo mais sustentável, equitativo e próspero.

No próximo capítulo, exploraremos as metodologias e abordagens práticas que permitem a investigação interdisciplinar, fornecendo estratégias concretas para conduzir e apoiar a IDR. Desde técnicas de colaboração a ferramentas integradoras, estas metodologias oferecerão conhecimentos valiosos aos investigadores que procuram navegar na paisagem interdisciplinar.

Capítulo 3: Metodologias e abordagens na investigação interdisciplinar

Introdução

A investigação interdisciplinar (IDR) distingue-se pela sua capacidade de integrar métodos, teorias e perspectivas de várias disciplinas para resolver problemas complexos. Este capítulo explora as metodologias e abordagens práticas que permitem uma investigação interdisciplinar eficaz. Desde técnicas de colaboração a ferramentas de integração, examinaremos estratégias que facilitam a síntese de diversas formas de conhecimento.

Técnicas de integração

As técnicas integrativas em IDR envolvem a combinação e a síntese de informações de diferentes disciplinas para criar uma compreensão coesa de questões complexas. Estas técnicas podem ser aplicadas em várias fases do processo de investigação, desde a formulação do problema até à análise e interpretação dos dados.

1. **Integração concetual**

   - **Síntese de estrutura**: Esta técnica envolve a criação de um quadro concetual que integra teorias e conceitos de várias disciplinas. Um exemplo bem conhecido é o modelo sócio-ecológico, que combina conhecimentos das ciências sociais e da ecologia para compreender as interacções homem-ambiente.

   - **Triangulação teórica**: Os investigadores utilizam a triangulação teórica para comparar e contrastar diferentes perspectivas teóricas. Este método permite uma compreensão mais matizada de um problema, destacando áreas de convergência e divergência entre disciplinas.

2. **Integração metodológica**

   - **Investigação com métodos mistos**: A investigação com métodos mistos combina abordagens qualitativas e quantitativas para proporcionar uma compreensão mais abrangente de uma questão de investigação. Por exemplo, um estudo sobre saúde pública pode utilizar inquéritos quantitativos para recolher dados estatísticos e entrevistas qualitativas para obter uma visão aprofundada das experiências individuais.

o **Meta-análise e revisões sistemáticas**: Estas técnicas envolvem a síntese de resultados de vários estudos para tirar conclusões mais alargadas. A meta-análise utiliza métodos estatísticos para combinar dados quantitativos, enquanto as revisões sistemáticas integram investigação qualitativa e quantitativa para fornecer uma visão holística de um tópico de investigação.

3. **Integração de dados**

o **Triangulação de dados**: Esta abordagem implica a utilização de várias fontes de dados para validar e enriquecer as conclusões. Ao comparar dados de diferentes fontes, os investigadores podem identificar padrões e discrepâncias que proporcionam uma compreensão mais sólida da questão de investigação.

o **Grandes volumes de dados e aprendizagem automática**: Os avanços no domínio dos grandes volumes de dados e da aprendizagem automática permitem aos investigadores integrar e analisar conjuntos de dados grandes e complexos provenientes de diversas disciplinas. Por exemplo, a combinação de dados genómicos com dados ambientais pode revelar conhecimentos sobre a relação entre a genética e os factores ambientais nas doenças.

Ferramentas e tecnologias de colaboração

A colaboração está no centro da IDR, e uma colaboração eficaz requer ferramentas e tecnologias que facilitem a comunicação, a partilha de dados e a gestão de projectos.

1. **Ambientes virtuais de investigação (VREs)**

o **Características e vantagens**: Os VREs fornecem plataformas digitais que apoiam a investigação em colaboração, oferecendo ferramentas para a partilha de dados, comunicação e gestão de projectos. Permitem que os investigadores trabalhem em conjunto sem problemas, independentemente da localização geográfica.

o **Exemplos**: Plataformas como o Jupyter Notebooks, o GitHub e software de colaboração como o Slack e o Trello aumentam a eficiência e a produtividade das equipas interdisciplinares.

2. **Software de colaboração**

o **Ferramentas de gestão de projectos**: Ferramentas como Asana, Basecamp e Microsoft Teams ajudam a gerir projectos de investigação, organizando tarefas, prazos e comunicações. Estas plataformas facilitam a coordenação entre os membros da equipa e garantem que os projectos se mantêm no caminho certo.

o **Partilha e integração de dados**: Software como o Google Drive, Dropbox e bases de dados colaborativas como Figshare e Zenodo permitem aos investigadores partilhar e integrar dados de forma segura. Estas ferramentas garantem que todos os membros da equipa têm acesso aos dados mais recentes e podem contribuir para o processo de análise e interpretação.

3. **Ferramentas de visualização**

o **Visualização de dados**: Ferramentas de visualização como o Tableau, Power BI e o pacote ggplot2 do R ajudam os investigadores a criar representações visuais de dados complexos. Estas visualizações podem revelar padrões e relações que não são imediatamente aparentes a partir de dados em bruto.

o **Análise de redes**: Ferramentas como o Gephi e o Cytoscape permitem aos investigadores visualizar e analisar redes complexas. Estas ferramentas são particularmente úteis na investigação interdisciplinar para mapear relações e interacções nos sistemas.

Metodologias de colaboração

A colaboração efectiva em IDR requer metodologias que facilitem a comunicação, coordenação e integração entre investigadores de diferentes disciplinas.

1. **Ciência em equipa**

   - **Definição e princípios**: A ciência de equipa envolve a colaboração de investigadores de várias disciplinas para atingir um objetivo comum. Dá ênfase à liderança partilhada, ao respeito mútuo e à integração de diversas perspectivas.

   - **Criação de equipas**: As equipas interdisciplinares bem sucedidas são construídas com base na confiança, na comunicação clara e numa visão partilhada. As actividades de formação de equipas, as reuniões regulares e o estabelecimento de objectivos e expectativas comuns são cruciais para promover uma colaboração eficaz.

2. **Investigação participativa**

   - **Definição e benefícios**: A investigação participativa envolve as partes interessadas, tais como membros da comunidade, decisores políticos e representantes da indústria, no processo de investigação. Esta abordagem garante que a investigação é relevante e responde às necessidades das pessoas afectadas pelo problema.

   - **Métodos**: Técnicas como grupos de discussão, workshops e mapeamento participativo envolvem as partes interessadas na definição das questões de investigação, na recolha de dados e na interpretação dos resultados. Esta abordagem colaborativa aumenta a validade e o impacto da investigação.

3. **Co-criação e Coprodução**

   - **Definição e aplicações**: A co-criação e a coprodução envolvem investigadores e partes interessadas que trabalham em conjunto ao longo de todo o processo de investigação, desde a formulação do problema até à implementação de soluções. Esta abordagem é particularmente eficaz na resolução de questões sociais e ambientais complexas.

- o **Exemplos**: Na gestão ambiental, a coprodução pode envolver a colaboração entre cientistas, decisores políticos e comunidades locais para desenvolver e implementar práticas sustentáveis. Nos cuidados de saúde, os doentes e os prestadores de cuidados de saúde podem trabalhar em conjunto para conceber e avaliar intervenções.

Estratégias para uma colaboração interdisciplinar eficaz

Uma colaboração interdisciplinar eficaz exige estratégias que respondam aos desafios da integração de diversas perspectivas e metodologias.

1. **Estabelecimento de objectivos e linguagem comuns**

   - o **Visão partilhada**: O desenvolvimento de uma visão partilhada e de objectivos comuns é essencial para alinhar os esforços de uma equipa interdisciplinar. Este processo envolve a negociação e a conciliação das diferentes prioridades e expectativas dos membros da equipa.

   - o **Linguagem comum**: Criar uma linguagem comum ou um glossário de termos ajuda a colmatar as lacunas de comunicação entre as disciplinas. Este vocabulário partilhado assegura que todos os membros da equipa têm uma compreensão clara dos conceitos e terminologias chave.

2. **Facilitar a comunicação**

   - o **Reuniões regulares**: As reuniões regulares da equipa proporcionam oportunidades para os membros partilharem actualizações, discutirem desafios e coordenarem esforços. As reuniões eficazes são estruturadas, orientadas para os objectivos e inclusivas, permitindo que todos os membros contribuam.

   - o **Plataformas de colaboração**: A utilização de plataformas colaborativas para comunicação, como o Slack ou o Microsoft Teams, permite a interação em tempo real e a partilha de informações. Estas ferramentas ajudam a manter um diálogo contínuo e a promover um sentido de comunidade no seio da equipa.

3. **Navegar nos limites disciplinares**

   o **Extensores de fronteiras**: A identificação de indivíduos que possam atuar como ultrapassadores de fronteiras - pessoas com experiência em várias disciplinas ou com competências para facilitar a comunicação interdisciplinar - pode melhorar a colaboração. Estes indivíduos ajudam a colmatar as lacunas e a integrar diversas perspectivas.

   o **Formação interdisciplinar**: Proporcionar oportunidades de formação e educação interdisciplinares ajuda os membros da equipa a desenvolver uma compreensão básica das áreas de cada um. Workshops, seminários e cursos conjuntos podem desenvolver os conhecimentos e as competências necessárias para uma colaboração eficaz.

4. **Gerir os conflitos e as diferenças**

   o **Resolução de conflitos**: Os conflitos e as diferenças são inevitáveis nas equipas interdisciplinares. A criação de mecanismos de resolução de conflitos, como a mediação e a negociação, ajuda a resolver os problemas de forma construtiva e a manter a coesão da equipa.

   o **Sensibilidade cultural**: Reconhecer e respeitar as diferenças culturais entre as disciplinas é crucial para promover um ambiente de colaboração. Incentivar a abertura e a empatia ajuda os membros da equipa a apreciar os diversos pontos de vista e a trabalhar em conjunto de forma eficaz.

Ultrapassar as barreiras institucionais

Os obstáculos institucionais, como as estruturas disciplinares rígidas e os mecanismos de financiamento, podem dificultar a colaboração interdisciplinar. A resolução destes obstáculos exige mudanças sistémicas e políticas de apoio.

1. **Apoio institucional**

   o **Centros de investigação interdisciplinares**: O estabelecimento de centros de investigação interdisciplinares nas instituições proporciona um ambiente de apoio à colaboração. Estes centros oferecem recursos, infra-estruturas e apoio administrativo adaptados às necessidades das equipas interdisciplinares.

- o **Estruturas organizacionais flexíveis**: As instituições podem adotar estruturas organizacionais flexíveis que facilitem as interacções interdisciplinares. Por exemplo, a criação de nomeações conjuntas e de departamentos interdisciplinares incentiva a colaboração e o intercâmbio de conhecimentos.

2. Mecanismos de financiamento

- o **Bolsas interdisciplinares**: As agências de financiamento podem apoiar a IDR oferecendo bolsas especificamente concebidas para projectos interdisciplinares. Estas bolsas devem ter critérios de avaliação que reconheçam os desafios e contributos únicos da investigação interdisciplinar.

- o **Modelos de financiamento em colaboração**: Os modelos de financiamento colaborativo, como as bolsas de consórcio e os programas de parceria, incentivam os investigadores de diferentes disciplinas e instituições a trabalhar em conjunto. Estes modelos fornecem os recursos financeiros necessários para apoiar projectos interdisciplinares de grande escala.

3. Avaliação e reconhecimento

- o **Critérios de avaliação inclusivos**: O desenvolvimento de critérios de avaliação que reconheçam o valor das contribuições interdisciplinares é essencial para promover a IDR. Estes critérios devem ter em conta a natureza integradora da investigação, o impacto em vários domínios e a relevância social dos resultados.

- o **Reconhecimento e recompensas**: As instituições podem promover a IDR reconhecendo e recompensando as realizações interdisciplinares. Os prémios, as promoções e as decisões de titularidade devem refletir a importância do trabalho interdisciplinar e o seu impacto no avanço dos conhecimentos e na resposta aos desafios da sociedade.

Estudos de caso: Implementação de Metodologias Interdisciplinares

Para ilustrar a aplicação prática de metodologias interdisciplinares, examinaremos vários estudos de caso que destacam a integração de diversas perspectivas e técnicas.

1. **Planeamento da Resiliência Urbana**

   o **Descrição geral do projeto**: Uma equipa interdisciplinar composta por urbanistas, cientistas ambientais, sociólogos e economistas colaborou no desenvolvimento de um plano de resiliência para uma cidade costeira vulnerável às alterações climáticas.

   o **Metodologias**: A equipa utilizou métodos mistos de investigação, combinando modelos climáticos quantitativos com inquéritos qualitativos à comunidade para avaliar as vulnerabilidades e desenvolver estratégias de adaptação. Os workshops participativos envolveram as partes interessadas locais no processo de planeamento, assegurando que o plano reflectia as necessidades e prioridades da comunidade.

   o **Resultados**: A abordagem interdisciplinar resultou num plano de resiliência abrangente que integrou considerações ambientais, sociais e económicas. O plano reforçou a capacidade da cidade para resistir aos impactes climáticos e melhorar o bem-estar dos seus residentes.

2. **Investigação em medicina integrativa**

   o **Descrição geral do projeto**: Uma iniciativa de investigação destinada a investigar a eficácia da medicina integrativa, combinando tratamentos médicos convencionais com terapias alternativas como a acupunctura e a fitoterapia.

   o **Metodologias**: A equipa de investigação incluiu médicos, praticantes de medicina alternativa, psicólogos e estatísticos. Realizaram ensaios aleatórios controlados, entrevistas qualitativas com doentes e meta-análises de estudos existentes para avaliar a eficácia e as experiências dos doentes com tratamentos integrativos.

   o **Resultados**: A investigação interdisciplinar forneceu provas sólidas sobre os benefícios e as limitações da medicina integrativa. Os resultados informaram as directrizes clínicas e as decisões políticas, promovendo uma abordagem mais holística dos cuidados de saúde.

3. **Agricultura sustentável**

   o **Visão geral do projeto**: Uma equipa interdisciplinar procurou desenvolver práticas agrícolas sustentáveis que equilibram a produtividade com a conservação do ambiente.

   o **Metodologias**: A equipa incluía agrónomos, ecologistas, economistas e cientistas sociais. Utilizaram a modelação de sistemas para simular práticas agrícolas, experiências de campo para testar técnicas sustentáveis e inquéritos socioeconómicos para compreender a adoção e os impactos pelos agricultores.

   o **Resultados**: O projeto resultou em práticas agrícolas sustentáveis que melhoraram a saúde dos solos, aumentaram a biodiversidade e melhoraram os meios de subsistência dos agricultores. A abordagem interdisciplinar assegurou que as soluções eram cientificamente sólidas, economicamente viáveis e socialmente aceitáveis.

Conclusão

As metodologias e abordagens da investigação interdisciplinar são concebidas para integrar diversas perspectivas, promover a colaboração e resolver problemas complexos. Desde a integração concetual e metodológica até à utilização de ferramentas e estratégias de colaboração, a IDR exige técnicas inovadoras e ambientes de apoio.

Ao compreender e aplicar estas metodologias, os investigadores podem enfrentar os desafios da colaboração interdisciplinar e libertar o potencial do conhecimento integrado. À medida que continuamos a enfrentar desafios globais que transcendem as fronteiras disciplinares, a importância de uma investigação interdisciplinar eficaz só irá aumentar.

No próximo capítulo, exploraremos o papel da investigação interdisciplinar na abordagem de desafios globais específicos, como as alterações climáticas, a saúde pública e a justiça social. Através de estudos de caso e exemplos práticos, examinaremos a forma como a IDR pode contribuir para soluções sustentáveis e mudanças transformadoras.

Capítulo 4: Enfrentar os desafios globais através da investigação interdisciplinar

Introdução

Os desafios globais, como as alterações climáticas, as crises de saúde pública e a desigualdade social, são problemas complexos e multifacetados que não podem ser tratados adequadamente por uma única disciplina. A investigação interdisciplinar (IDR) desempenha um papel crucial na resolução destes desafios, integrando conhecimentos, métodos e perspectivas de vários domínios. Este capítulo explora a forma como a IDR contribui para a resolução de problemas globais através de estudos de caso e exemplos práticos.

Alterações climáticas

As alterações climáticas são um dos desafios globais mais prementes, exigindo um esforço coordenado de várias disciplinas para compreender e atenuar os seus impactos.

1. **Compreender os sistemas climáticos**

   - **Integração interdisciplinar**: A ciência climática integra a física atmosférica, a oceanografia, a geologia e a ecologia para compreender o sistema climático da Terra. Os investigadores utilizam modelos complexos que incorporam dados destas disciplinas para prever cenários climáticos futuros.

   - **Estudo de caso: Os relatórios do IPCC**: O Painel Intergovernamental sobre as Alterações Climáticas (IPCC) sintetiza a investigação de vários domínios para fornecer avaliações exaustivas das alterações climáticas. Estes relatórios informam a política internacional e orientam os esforços globais de mitigação e adaptação às alterações climáticas.

2. **Estratégias de atenuação**

   - **Tecnologias de energias renováveis**: O desenvolvimento e a implantação de tecnologias de energias renováveis envolvem a colaboração entre engenheiros, químicos, economistas e decisores políticos. A investigação sobre tecnologias solares, eólicas e bioenergéticas exige uma compreensão da ciência dos materiais, da economia da energia e dos quadros regulamentares.

- o **Estudo de caso: Energia solar**: Os avanços na tecnologia da energia solar resultaram da colaboração interdisciplinar. Os engenheiros desenvolvem materiais fotovoltaicos eficientes, os economistas analisam a relação custo-eficácia e os decisores políticos criam regulamentos de apoio para promover a adoção da energia solar.

3. **Adaptação e resiliência**

- o **Sistemas sócio-ecológicos**: Abordar os impactos das alterações climáticas nos sistemas humanos e naturais envolve a integração das ciências sociais, da ecologia e do planeamento urbano. Os investigadores estudam a forma como as comunidades se podem adaptar às condições ambientais em mudança e aumentar a sua resiliência.

- o **Estudo de caso: Planeamento da Resiliência Costeira**: Uma equipa interdisciplinar desenvolveu um plano de resiliência para uma cidade costeira vulnerável à subida do nível do mar. A equipa combinou modelos climáticos, análises socioeconómicas e envolvimento da comunidade para criar estratégias de proteção de infra-estruturas, ecossistemas e meios de subsistência.

Saúde pública

Os desafios de saúde pública, como as pandemias e as doenças crónicas, exigem abordagens interdisciplinares para compreender as suas causas e desenvolver intervenções eficazes.

1. **Prevenção e controlo de doenças**

- o **Epidemiologia e ciências sociais**: Os epidemiologistas estudam os padrões e as causas das doenças, enquanto os cientistas sociais exploram os determinantes sociais da saúde.

A integração destas perspectivas ajuda a identificar medidas eficazes de prevenção e controlo.

- o **Estudo de caso: Resposta à COVID-19**: A resposta à pandemia da COVID-19 exemplifica a importância da IDR. Especialistas em saúde pública, virologistas, epidemiologistas e cientistas sociais colaboraram para compreender o vírus, desenvolver vacinas, modelar a propagação da doença e avaliar os impactos sociais e económicos.

2. Gestão de doenças crónicas

- o **Biomedicina e ciências do comportamento**: A gestão de doenças crónicas como a diabetes e as doenças cardíacas implica a integração da investigação biomédica com a ciência comportamental. Os investigadores estudam os mecanismos biológicos da doença e os factores comportamentais que influenciam os resultados em termos de saúde.

- o **Estudo de caso: Programas de Prevenção da Diabetes**: A investigação interdisciplinar levou ao desenvolvimento de programas de prevenção da diabetes que combinam o tratamento médico com intervenções no estilo de vida. Estes programas envolvem profissionais de saúde, nutricionistas, psicólogos e organizações comunitárias que trabalham em conjunto para apoiar os pacientes na gestão da sua saúde.

3. Saúde global

- o **Perspectivas transculturais e socioeconómicas**: A investigação no domínio da saúde global aborda as disparidades em matéria de saúde e procura melhorar os resultados neste domínio a nível mundial. Este trabalho exige a compreensão dos contextos culturais, económicos e políticos e envolve a colaboração entre especialistas em saúde pública, antropólogos, economistas e decisores políticos.

- o **Estudo de caso: Controlo da malária**: Os esforços para controlar a malária na África subsaariana envolvem equipas interdisciplinares que incluem entomologistas, especialistas em saúde pública, cientistas sociais e líderes das comunidades locais. Estas equipas desenvolvem e implementam estratégias de controlo dos mosquitos, educação para a saúde e acesso ao tratamento.

Justiça social

As questões de justiça social, como a desigualdade, a discriminação e o acesso aos recursos, são intrinsecamente interdisciplinares, envolvendo conhecimentos da sociologia, do direito, da economia e da ciência política.

1. **Abordar a desigualdade**

   o **Abordagens económicas e sociológicas**: Compreender e abordar a desigualdade económica exige a integração de teorias económicas com conhecimentos sociológicos sobre estratificação e mobilidade social. Os investigadores analisam a distribuição do rendimento, os mercados de trabalho, a educação e as políticas sociais.

   o **Estudo de caso: Rendimento Básico Universal (RBI)**: A investigação sobre o RBI envolve economistas, sociólogos e cientistas políticos. Os estudos examinam a viabilidade económica do RBI, os seus potenciais impactos na pobreza e na desigualdade e os factores sociais e políticos que influenciam a sua implementação.

2. **Promoção dos direitos humanos**

   o **Perspectivas jurídicas e éticas**: A investigação sobre direitos humanos combina a análise jurídica com o raciocínio ético para proteger e promover os direitos fundamentais. Este trabalho envolve a colaboração entre juristas, especialistas em ética, cientistas políticos e activistas.

   o **Estudo de caso: Legislação sobre a igualdade de género**: Os esforços para promover a igualdade de género envolvem investigação interdisciplinar sobre enquadramentos legais, normas sociais e impactos económicos. Os investigadores de direito, estudos de género, economia e sociologia trabalham em conjunto para desenvolver e defender políticas que promovam a igualdade de género no local de trabalho, na educação e nos cuidados de saúde.

3. **Capacitação da comunidade**

   o **Investigação participativa e de ação**: A capacitação das comunidades marginalizadas requer abordagens participativas que envolvam os membros da comunidade no processo de investigação. Este método integra conhecimentos de antropologia, sociologia, educação e desenvolvimento comunitário.

   o **Estudo de caso: Orçamento Participativo**: Os projectos de orçamento participativo envolvem equipas interdisciplinares que incluem cientistas políticos, urbanistas e organizadores comunitários. Estes projectos envolvem os cidadãos nos processos de tomada de decisão sobre a afetação do orçamento público, promovendo uma maior transparência e a capacitação da comunidade.

Sustentabilidade ambiental

Alcançar a sustentabilidade ambiental implica abordar a interconexão dos sistemas ecológicos, económicos e sociais.

1. **Gestão sustentável dos recursos**

   o **Ecologia e Economia**: A gestão sustentável dos recursos naturais exige a integração de princípios ecológicos com análises económicas. Os investigadores estudam as funções dos ecossistemas, os padrões de utilização dos recursos e os incentivos económicos para práticas sustentáveis.

   o **Estudo de caso: Gestão das pescas**: A investigação interdisciplinar sobre a gestão das pescas envolve biólogos marinhos, economistas e decisores políticos. As equipas desenvolvem estratégias para equilibrar a produtividade da pesca com a conservação, utilizando dados ecológicos e modelos económicos para estabelecer limites de captura sustentáveis e criar áreas marinhas protegidas.

2. **Desenvolvimento urbano sustentável**

- o **Planeamento urbano e ciências do ambiente**: O desenvolvimento urbano sustentável exige a integração do planeamento urbano com as ciências ambientais. Os investigadores analisam a utilização dos solos, os transportes, o consumo de energia e as infra-estruturas verdes para criar cidades sustentáveis.

- o **Estudo de caso: Projeto de construção ecológica**: Os projectos de edifícios ecológicos envolvem arquitectos, engenheiros ambientais e urbanistas. Estas equipas concebem edifícios que minimizam o impacto ambiental através de materiais energeticamente eficientes, sistemas de energia renovável e práticas sustentáveis de gestão de resíduos.

3. **Estratégias de adaptação ao clima**

- o **Abordagens transdisciplinares**: O desenvolvimento de estratégias de adaptação climática envolve a colaboração entre climatologistas, hidrólogos, sociólogos e engenheiros. Os investigadores estudam os impactos das alterações climáticas em vários sectores e desenvolvem medidas de adaptação para aumentar a resiliência.

- o **Estudo de caso: Ilhas de calor urbanas**: A abordagem das ilhas de calor urbanas envolve investigação interdisciplinar sobre ciência climática, design urbano e saúde pública. As equipas desenvolvem estratégias como telhados verdes, florestas urbanas e materiais reflectores para reduzir o calor e atenuar os riscos para a saúde nas zonas urbanas.

Inovação tecnológica

A inovação tecnológica desempenha um papel fundamental na resposta aos desafios globais, e a IDR é essencial para o desenvolvimento e a aplicação de novas tecnologias.

1. **Tecnologias de cuidados de saúde**

- o **Engenharia biomédica e informática**: O desenvolvimento de tecnologias avançadas de cuidados de saúde envolve a integração da engenharia biomédica com a informática. Os investigadores concebem dispositivos médicos, ferramentas de diagnóstico e sistemas de informação sobre saúde.

- o **Estudo de caso: Monitores de saúde portáteis**: A criação de monitores de saúde portáteis, como os rastreadores de fitness e os smartwatches, envolve uma colaboração interdisciplinar. Os engenheiros concebem o hardware, os cientistas informáticos desenvolvem algoritmos para análise de dados e os profissionais de saúde validam a utilidade clínica dos dispositivos.

2. Soluções energéticas sustentáveis

- o **Engenharia e Ciências do Ambiente**: O desenvolvimento de soluções energéticas sustentáveis requer a colaboração entre engenheiros e cientistas ambientais. Os investigadores trabalham em tecnologias como as turbinas eólicas, os painéis solares e os biocombustíveis para reduzir a dependência dos combustíveis fósseis.

- o **Estudo de caso: Células de Combustível de Hidrogénio**: A investigação sobre células de combustível de hidrogénio envolve químicos, engenheiros mecânicos e cientistas ambientais. Estas equipas trabalham para melhorar a eficiência e a acessibilidade das células de combustível, explorando o seu potencial como fonte de energia limpa para os transportes e a indústria.

3. Cidades inteligentes

- o **Planeamento urbano e tecnologias da informação**: O desenvolvimento de cidades inteligentes envolve a integração do planeamento urbano com as tecnologias da informação. Os investigadores concebem sistemas para redes inteligentes, gestão de transportes e serviços urbanos para melhorar a eficiência e a sustentabilidade das cidades.

- o **Estudo de caso: Sistemas de transporte inteligentes**: As equipas interdisciplinares que trabalham em sistemas de transportes inteligentes incluem engenheiros de transportes, cientistas informáticos e planeadores urbanos. Desenvolvem tecnologias como sistemas de gestão de tráfego, veículos autónomos e inovações nos transportes públicos para melhorar a mobilidade urbana e reduzir o congestionamento.

Política e governação

Uma política e uma governação eficazes são essenciais para enfrentar os desafios globais, e o IDR fornece os conhecimentos abrangentes necessários para informar as decisões políticas.

1. **Política ambiental**

   o **Integração da ciência e das políticas**: O desenvolvimento de políticas ambientais eficazes exige a integração do conhecimento científico com a análise política. Os investigadores estudam os impactos ambientais das actividades humanas e desenvolvem quadros regulamentares para atenuar esses impactos.

   o **Estudo de caso: Políticas de redução de emissões**: As políticas destinadas a reduzir as emissões de gases com efeito de estufa envolvem a colaboração entre cientistas do clima, economistas e decisores políticos. As equipas concebem e avaliam mecanismos de fixação de preços do carbono, normas de emissão e incentivos às energias renováveis.

2. **Política de saúde**

   o **Saúde pública e economia**: A investigação em matéria de políticas de saúde integra os conhecimentos especializados em saúde pública com a análise económica para conceber políticas que melhorem os resultados em termos de saúde e controlem os custos. Os investigadores avaliam a eficácia das intervenções nos cuidados de saúde e as implicações económicas das políticas de saúde.

   o **Estudo de caso: Cobertura universal de saúde**: Os esforços para alcançar a cobertura universal de saúde envolvem equipas interdisciplinares que incluem profissionais de saúde, economistas e cientistas sociais. Estas equipas analisam os modelos de prestação de cuidados de saúde, os mecanismos de financiamento e os determinantes sociais da saúde para conceber sistemas de saúde inclusivos e sustentáveis.

3. Política social

- o **Sociologia e Ciência Política**: A investigação em política social combina conhecimentos sociológicos com análise política para abordar questões como a pobreza, a educação e o bem-estar social. Os investigadores estudam os impactos das políticas em diferentes grupos sociais e as dinâmicas políticas que influenciam a implementação das políticas.

- o **Estudo de caso: Reforma do ensino**: As iniciativas de reforma da educação envolvem equipas interdisciplinares que incluem educadores, sociólogos e decisores políticos. Estas equipas desenvolvem e avaliam políticas destinadas a melhorar os resultados educativos, a resolver as disparidades e a promover ambientes de aprendizagem inclusivos.

Conclusão

A investigação interdisciplinar é indispensável para enfrentar os desafios complexos e interligados que o nosso mundo enfrenta. Ao integrar conhecimentos e métodos de várias disciplinas, a IDR fornece perspectivas abrangentes e soluções inovadoras que são essenciais para abordar questões globais como as alterações climáticas, a saúde pública, a justiça social, a sustentabilidade ambiental e a inovação tecnológica.

Os estudos de caso e os exemplos práticos destacados neste capítulo demonstram o potencial transformador da IDR. À medida que os investigadores continuam a colaborar para além das fronteiras disciplinares, podem abrir novas possibilidades de descoberta, inovação e impacto, contribuindo, em última análise, para um mundo mais sustentável, equitativo e próspero.

No próximo capítulo, exploraremos o futuro da investigação interdisciplinar, examinando as tendências, desafios e oportunidades emergentes. Discutiremos a forma como os avanços tecnológicos, as mudanças no financiamento da investigação e a evolução das necessidades da sociedade irão moldar o panorama da IDR nos próximos anos.

Capítulo 5: O futuro da investigação interdisciplinar

Introdução

medida que os desafios globais continuam a evoluir, a necessidade de investigação interdisciplinar (IDR) torna-se cada vez mais crítica. O futuro da IDR será moldado pelos avanços da tecnologia, pelas mudanças no financiamento da investigação e pelas alterações nas necessidades da sociedade. Este capítulo explora as tendências emergentes, os desafios e as oportunidades que influenciarão o panorama da IDR nos próximos anos. Ao examinar estes factores, podemos compreender melhor como promover e apoiar a próxima geração de investigação interdisciplinar.

Tendências emergentes na investigação interdisciplinar

Várias tendências-chave estão a moldar o futuro da investigação interdisciplinar, impulsionadas por avanços tecnológicos, mudanças societais e paradigmas de investigação em evolução.

1. **Avanços tecnológicos**

   - **Inteligência Artificial e Aprendizagem Automática**: A IA e a aprendizagem automática estão a revolucionar a investigação em todas as disciplinas. Estas tecnologias permitem a análise de conjuntos de dados grandes e complexos, revelando padrões e conhecimentos que anteriormente eram inacessíveis. Por exemplo, a IA pode ser utilizada nas ciências climáticas para prever padrões meteorológicos, nos cuidados de saúde para diagnosticar doenças e nas ciências sociais para analisar dados em grande escala das redes sociais.

   - **Grandes volumes de dados e ciência dos dados**: A disponibilidade de grandes volumes de dados e os avanços nas técnicas de ciência de dados estão a transformar a forma como a investigação é conduzida. Os investigadores podem agora integrar e analisar dados de diversas fontes, proporcionando uma compreensão mais abrangente de questões complexas. Por exemplo, os grandes volumes de dados podem ser utilizados para estudar os padrões de urbanização, acompanhar os surtos de doenças e monitorizar as alterações ambientais.

- o **Internet das Coisas (IoT)**: As tecnologias IoT ligam dispositivos e sensores, gerando dados em tempo real que podem ser utilizados para investigação interdisciplinar. Por exemplo, a IoT pode ser utilizada na monitorização ambiental para recolher dados sobre a qualidade do ar e da água, nos cuidados de saúde para acompanhar os parâmetros de saúde dos doentes e no planeamento urbano para otimizar os sistemas de transporte.

2. Plataformas de colaboração e ciência aberta

- o **Ambientes virtuais de investigação (VREs)**: Os VREs fornecem plataformas digitais que apoiam a investigação em colaboração, oferecendo ferramentas para a partilha de dados, comunicação e gestão de projectos. Estas plataformas facilitam a colaboração interdisciplinar, permitindo que os investigadores trabalhem em conjunto sem problemas, independentemente da localização geográfica.

- o **Acesso aberto e dados abertos**: O movimento da ciência aberta promove a partilha de resultados de investigação, incluindo publicações, dados e metodologias. As revistas de acesso aberto e os repositórios de dados abertos tornam a investigação mais acessível, promovendo a colaboração e acelerando o ritmo das descobertas.

- o **Ciência cidadã**: A ciência cidadã envolve o público no processo de investigação, desde a recolha de dados até à análise e divulgação. Esta abordagem pode melhorar a investigação interdisciplinar, incorporando diversas perspectivas e alargando o âmbito da recolha de dados. Por exemplo, os cidadãos cientistas podem contribuir para a monitorização ambiental, estudos de biodiversidade e investigação sobre saúde pública.

3. Colaboração intersectorial

- o **Parcerias indústria-academia**: As colaborações entre instituições académicas e a indústria estão a tornar-se mais comuns, impulsionadas pela necessidade de traduzir a investigação em aplicações práticas. Estas parcerias podem melhorar a investigação interdisciplinar, proporcionando acesso a recursos, conhecimentos especializados e dados do mundo real. Por exemplo, as colaborações entre universidades e empresas de tecnologia podem impulsionar a inovação em domínios como a inteligência artificial, a biotecnologia e as energias renováveis.

- o **Parcerias Público-Privadas**: As parcerias público-privadas reúnem agências governamentais, empresas privadas e instituições académicas para enfrentar desafios societais complexos. Estas colaborações podem apoiar a investigação interdisciplinar, tirando partido de diversas competências e fontes de financiamento. Por exemplo, as parcerias público-privadas podem fazer avançar a investigação sobre a resiliência das infra-estruturas, as iniciativas de saúde pública e a conservação do ambiente.

Desafios da investigação interdisciplinar

Apesar dos muitos benefícios da investigação interdisciplinar, há também desafios significativos que devem ser enfrentados para concretizar todo o seu potencial.

1. **Barreiras institucionais**

   - o **Silos disciplinares**: As estruturas académicas tradicionais criam frequentemente barreiras à colaboração interdisciplinar ao reforçarem as fronteiras disciplinares. Estes silos podem limitar as oportunidades de interação interdisciplinar e dificultar a integração de diversas perspectivas.

   - o **Avaliação e reconhecimento**: Os actuais sistemas de avaliação e reconhecimento no meio académico podem não valorizar adequadamente a investigação interdisciplinar. As métricas como o impacto das publicações e a contagem de citações são frequentemente específicas de cada disciplina, tornando difícil avaliar as contribuições do trabalho interdisciplinar.

2. **Desafios de financiamento**

   o **Complexidade das propostas interdisciplinares**: As propostas de investigação interdisciplinar podem ser mais complexas e morosas de desenvolver, exigindo o contributo de várias disciplinas. Esta complexidade pode dificultar a obtenção de financiamento, uma vez que as propostas devem articular claramente a integração de diversas perspectivas e o valor acrescentado de uma abordagem interdisciplinar.

   o **Prioridades das agências de financiamento**: As agências de financiamento podem ter prioridades e processos de revisão que favorecem a investigação disciplinar tradicional. Isto pode limitar a disponibilidade de financiamento para projectos interdisciplinares, particularmente aqueles que não se enquadram perfeitamente nas categorias estabelecidas.

3. **Comunicação e colaboração**

   o **Barreiras de comunicação**: A colaboração interdisciplinar efectiva requer uma comunicação clara entre as disciplinas, o que pode ser um desafio devido às diferenças de terminologia, metodologias e pressupostos epistemológicos. O desenvolvimento de uma linguagem comum e de uma compreensão mútua é essencial para uma colaboração bem sucedida.

   o **Coordenação e gestão**: A gestão de projectos interdisciplinares pode ser complexa, exigindo a coordenação entre os membros da equipa com diversos conhecimentos e perspectivas. Uma gestão de projectos e uma liderança eficazes são cruciais para enfrentar estes desafios e garantir que as equipas interdisciplinares trabalham de forma coesa.

Oportunidades para fazer avançar a investigação interdisciplinar

Para ultrapassar estes desafios e promover o crescimento da investigação interdisciplinar, podem ser aproveitadas várias oportunidades.

1. **Apoio institucional e infra-estruturas**

   o **Centros de investigação interdisciplinares**: A criação de centros de investigação interdisciplinares dedicados nas instituições académicas pode proporcionar um ambiente favorável à colaboração. Estes centros podem oferecer recursos, infra-estruturas e apoio administrativo adaptados às necessidades das equipas interdisciplinares.

   o **Estruturas organizacionais flexíveis**: A adoção de estruturas organizacionais flexíveis que facilitem as interacções interdisciplinares pode promover a investigação interdisciplinar. Por exemplo, a criação de nomeações conjuntas e de departamentos interdisciplinares incentiva a colaboração e o intercâmbio de conhecimentos.

2. **Mecanismos de financiamento**

   o **Bolsas interdisciplinares**: As agências de financiamento podem apoiar a investigação interdisciplinar oferecendo bolsas especificamente concebidas para projectos interdisciplinares. Estas bolsas devem ter critérios de avaliação que reconheçam os desafios e contributos únicos da investigação interdisciplinar.

   o **Modelos de financiamento em colaboração**: Os modelos de financiamento colaborativo, como as bolsas de consórcio e os programas de parceria, incentivam os investigadores de diferentes disciplinas e instituições a trabalhar em conjunto. Estes modelos fornecem os recursos financeiros necessários para apoiar projectos interdisciplinares de grande escala.

3. **Formação e educação**

   o **Formação interdisciplinar**: Proporcionar oportunidades de formação e educação interdisciplinares ajuda os investigadores a desenvolver uma compreensão básica dos domínios uns dos outros. Workshops, seminários e cursos conjuntos podem desenvolver os conhecimentos e as competências necessárias para uma colaboração interdisciplinar eficaz.

o **Programas de Pós-Graduação em Investigação Interdisciplinar**: O desenvolvimento de programas de pós-graduação centrados na investigação interdisciplinar pode preparar a próxima geração de investigadores para enfrentar desafios globais complexos. Estes programas podem oferecer cursos interdisciplinares, oportunidades de investigação e orientação para promover a colaboração e a inovação.

4. Tirar partido da tecnologia e dos dados

o **Ferramentas analíticas avançadas**: A utilização de ferramentas analíticas avançadas, como a IA e a aprendizagem automática, pode melhorar a investigação interdisciplinar, permitindo a integração e a análise de conjuntos de dados grandes e complexos. Estas ferramentas podem revelar novos conhecimentos e impulsionar a inovação entre disciplinas.

o **Plataformas de partilha de dados**: O desenvolvimento e a utilização de plataformas de partilha de dados que facilitem o intercâmbio de dados entre disciplinas podem promover a colaboração e a integração. Estas plataformas devem garantir a interoperabilidade, a segurança e a acessibilidade dos dados.

5. Política e defesa de interesses

o **Defender a investigação interdisciplinar**: Os investigadores, as instituições e as agências de financiamento podem defender a importância da investigação interdisciplinar para enfrentar os desafios globais. Esta defesa pode ajudar a definir políticas e prioridades de financiamento que apoiem a colaboração interdisciplinar.

o **Critérios de avaliação inclusivos**: O desenvolvimento de critérios de avaliação que reconheçam o valor das contribuições interdisciplinares é essencial para promover a investigação interdisciplinar. Estes critérios devem ter em conta a natureza integradora da investigação, o impacto em vários domínios e a relevância social dos resultados.

Estudos de caso: Iniciativas de investigação interdisciplinares emergentes

Para ilustrar o potencial da investigação interdisciplinar no futuro, examinaremos várias iniciativas emergentes que destacam abordagens inovadoras para enfrentar os desafios globais.

1. **Medicina de precisão**

   o **Descrição geral do projeto**: A medicina de precisão visa adaptar o tratamento médico a cada paciente com base nos seus factores genéticos, ambientais e de estilo de vida. Esta abordagem envolve a colaboração entre geneticistas, bioinformáticos, clínicos e cientistas sociais.

   o **Metodologias**: Os investigadores utilizam a sequenciação genómica, a análise de grandes volumes de dados e os resultados comunicados pelos doentes para desenvolver planos de tratamento personalizados. Integram dados de diversas fontes para compreender os factores genéticos e ambientais que influenciam a saúde.

   o **Resultados**: A medicina de precisão tem o potencial de melhorar os resultados dos doentes ao proporcionar tratamentos direccionados que são mais eficazes e têm menos efeitos secundários. Esta abordagem interdisciplinar pode revolucionar os cuidados de saúde, tornando-os mais personalizados e precisos.

2. **Agricultura inteligente**

   o **Descrição geral do projeto**: A agricultura inteligente utiliza tecnologias avançadas para otimizar as práticas agrícolas e melhorar a sustentabilidade. Esta iniciativa envolve a colaboração entre agrónomos, engenheiros, cientistas informáticos e cientistas ambientais.

   o **Metodologias**: Os investigadores utilizam dispositivos IoT, deteção remota e análise de dados para monitorizar e gerir sistemas agrícolas. Desenvolvem modelos para prever o rendimento das culturas, otimizar a irrigação e reduzir o impacto ambiental da agricultura.

o **Resultados**: A agricultura inteligente pode aumentar a produtividade agrícola, reduzir a utilização de recursos e minimizar os impactes ambientais. Esta abordagem interdisciplinar apoia a produção sustentável de alimentos e aborda os desafios de alimentar uma população global em crescimento.

3. **Sustentabilidade urbana**

o **Visão geral do projeto**: As iniciativas de sustentabilidade urbana têm como objetivo criar cidades habitáveis, resilientes e ambientalmente sustentáveis. Estes projectos envolvem a colaboração entre planeadores urbanos, cientistas ambientais, economistas e cientistas sociais.

o **Metodologias**: Os investigadores utilizam a modelação de sistemas, a análise espacial e o planeamento participativo para desenvolver estratégias de desenvolvimento urbano sustentável. Integram dados sobre a utilização dos solos, os transportes, o consumo de energia e a dinâmica social.

o **Resultados**: As iniciativas de sustentabilidade urbana podem melhorar a qualidade de vida nas cidades, promovendo infra-estruturas verdes, reduzindo as emissões e melhorando a equidade social. Esta abordagem interdisciplinar aborda as interacções complexas entre os sistemas urbanos e os seus contextos ambientais e sociais.

Conclusão

O futuro da investigação interdisciplinar é promissor, com inúmeras oportunidades para enfrentar os desafios globais através da integração de diversas perspectivas e metodologias inovadoras. Os avanços tecnológicos, as plataformas de colaboração, as parcerias intersectoriais e as políticas de apoio desempenharão um papel fundamental na definição de

Introdução

A implementação efectiva de práticas de investigação interdisciplinar (IDR) é crucial para maximizar o impacto dos esforços de colaboração entre disciplinas. Este capítulo explora as principais estratégias e melhores práticas para conduzir com êxito projectos de IDR. Ao compreender os princípios de uma colaboração interdisciplinar eficaz e ao aprender com estudos de casos, os investigadores podem melhorar a sua capacidade de enfrentar desafios complexos e obter resultados significativos.

Princípios de uma investigação interdisciplinar eficaz

Os projectos IDR bem sucedidos são orientados por vários princípios que promovem a colaboração, a inovação e a integração de diversas perspectivas:

1. **Visão e objectivos partilhados**

   o **Estabelecer objectivos comuns**: Comece por definir uma visão partilhada e objectivos comuns com os quais todos os membros da equipa se possam alinhar. Esclareça as questões de investigação abrangentes, os objectivos e os resultados esperados do projeto interdisciplinar.

   o **Criar consenso**: Assegurar que todos os membros da equipa contribuem para a definição da agenda de investigação e estão empenhados em atingir objectivos comuns. Incentivar o diálogo aberto e os processos de construção de consensos para promover um sentido de propriedade e de responsabilidade colectiva.

2. **Respeito e confiança mútuos**

   o **Valorização de conhecimentos especializados diversos**: Reconhecer e respeitar os conhecimentos e perspectivas que cada disciplina traz para a mesa. Cultivar um ambiente inclusivo onde todos os membros da equipa se sintam valorizados pelas suas contribuições, independentemente da sua formação disciplinar.

- o **Construir relações de confiança**: Investir tempo na construção de relações de confiança entre os membros da equipa. Promover a comunicação aberta, o respeito mútuo e um espírito de colaboração para facilitar interacções produtivas e processos de tomada de decisão.

3. **Comunicação eficaz**

- o **Estabelecer canais de comunicação claros**: Desenvolver canais e protocolos de comunicação claros para facilitar a partilha de informações, o feedback e a tomada de decisões. Definir funções e responsabilidades no seio da equipa interdisciplinar para garantir clareza e responsabilidade.

- o **Adaptação dos estilos de comunicação**: Reconhecer que as diferentes disciplinas podem ter estilos de comunicação e terminologia distintos. Ultrapassar as fronteiras disciplinares, promovendo estratégias de comunicação eficazes, como explicações em linguagem simples e representações visuais de conceitos complexos.

4. **Abordagem integrada**

- o **Sintetizar perspectivas diversas**: Aceitar o desafio de integrar diversas perspectivas e metodologias para abordar questões de investigação complexas. Incentivar o diálogo e a colaboração interdisciplinares em todas as fases do processo de investigação.

- o **Promover a fertilização cruzada**: Criar oportunidades para a fertilização cruzada de ideias e métodos entre disciplinas. Incentivar workshops interdisciplinares, seminários conjuntos e sessões de brainstorming em colaboração para estimular a inovação e a criatividade.

5. **Flexibilidade e adaptabilidade**

- o **Navegar na complexidade**: Reconhecer que os projectos IDR são intrinsecamente complexos e podem exigir flexibilidade nas abordagens e metodologias. Estar preparado para adaptar as estratégias de investigação com base em conhecimentos emergentes, mudanças de circunstâncias e novas descobertas.

- o **Gerir a dinâmica interdisciplinar**: Antecipar e gerir potenciais desafios, tais como perspectivas contraditórias ou diferenças metodológicas. Promover uma cultura de flexibilidade e adaptabilidade que permita à equipa interdisciplinar navegar eficazmente pelas incertezas e complexidades.

Melhores Práticas em Investigação Interdisciplinar

Com base em projectos interdisciplinares bem sucedidos, várias boas práticas podem orientar os investigadores na implementação de iniciativas IDR:

1. **Formação de equipas multidisciplinares**

   - o **Composição diversificada da equipa**: Reunir equipas multidisciplinares com conhecimentos e competências complementares relevantes para os objectivos da investigação. Incluir investigadores de diferentes disciplinas, profissões e sectores que possam contribuir com perspectivas e conhecimentos únicos.

   - o **Equilibrar os conhecimentos especializados**: Assegurar uma representação equilibrada de conhecimentos especializados em todas as disciplinas, incluindo investigadores seniores e académicos em início de carreira. Facilitar a orientação e a transferência de conhecimentos no seio da equipa interdisciplinar.

2. **Desenvolvimento de um plano de investigação em colaboração**

   - o **Co-criação da agenda de investigação**: Envolver todos os membros da equipa na co-criação da agenda de investigação e do plano do projeto. Definir os objectivos de investigação, as etapas e os prazos de forma colaborativa para garantir o alinhamento com os objectivos interdisciplinares.

o **Estabelecimento de funções claras**: Esclarecer as funções e responsabilidades no seio da equipa interdisciplinar, especificando as funções de liderança, as atribuições de tarefas e os processos de tomada de decisões. Estabelecer mecanismos para resolver conflitos e tomar decisões colectivas.

3. **Integração de metodologias e abordagens**

   o **Integração metodológica**: Integrar diversas metodologias e abordagens para abordar questões de investigação complexas de forma abrangente. Conceber protocolos de investigação interdisciplinares que combinem métodos quantitativos e qualitativos, técnicas de modelização e abordagens participativas.

   o **Formação interdisciplinar**: Proporcionar aos membros da equipa oportunidades de formação e de desenvolvimento de capacidades para se familiarizarem com metodologias e abordagens interdisciplinares. Promover a literacia e as competências interdisciplinares entre os investigadores para reforçar a colaboração e a inovação.

4. **Promover a partilha e a transferência de conhecimentos**

   o **Integração e síntese de dados**: Desenvolver mecanismos para integrar e sintetizar dados entre disciplinas para gerar percepções holísticas. Utilizar estruturas e ferramentas interdisciplinares para análise, visualização e interpretação de dados.

   o **Estratégias de divulgação**: Planear a divulgação eficaz dos resultados da investigação a diversas partes interessadas, incluindo audiências académicas, decisores políticos, profissionais e o público. Utilizar vários canais, tais como publicações, conferências, resumos de políticas e meios de comunicação interactivos para maximizar o impacto.

5. **Avaliação do impacto e dos resultados**

   o **Avaliação do impacto interdisciplinar**: Desenvolver quadros de avaliação sólidos para avaliar o impacto e os resultados dos projectos de investigação interdisciplinares. Medir as contribuições para o avanço dos conhecimentos, a influência política, o impacto societal e a eficácia da colaboração interdisciplinar.

o **Reflexão e aprendizagem iterativas**: Promover uma cultura de prática reflexiva e de aprendizagem contínua no seio da equipa interdisciplinar. Incentivar sessões regulares de feedback, avaliações pós-projeto e oportunidades para partilhar as lições aprendidas e as melhores práticas.

Estudos de caso: Exemplos de investigação interdisciplinar eficaz

A análise de estudos de casos de iniciativas de IDR bem sucedidas fornece informações sobre estratégias práticas e lições aprendidas:

1. **Iniciativa Global de Saúde**

   o **Descrição geral do projeto**: Uma iniciativa de saúde global destinada a combater as doenças infecciosas em locais com poucos recursos através da integração da investigação biomédica, da epidemiologia, das ciências sociais e da experiência na prestação de cuidados de saúde.

   o **Práticas-chave**: A iniciativa criou uma equipa multidisciplinar composta por clínicos, epidemiologistas, antropólogos e agentes comunitários de saúde. Desenvolveram um plano de investigação colaborativa centrado na prevenção de doenças, tratamento e envolvimento da comunidade.

   o **Resultados**: A abordagem interdisciplinar conduziu a estratégias inovadoras de vigilância da doença, campanhas de vacinação e intervenções de base comunitária. A iniciativa contribuiu para uma redução significativa do peso da doença e para a melhoria dos resultados em matéria de saúde nas populações-alvo.

2. **Projeto de Sustentabilidade Urbana**

   o **Descrição geral do projeto**: Um projeto de sustentabilidade urbana procurou aumentar a resiliência e a habitabilidade em cidades em rápido crescimento através de investigação interdisciplinar sobre planeamento urbano, ciências ambientais, economia e equidade social.

o **Práticas-chave**: O projeto formou uma equipa diversificada de planeadores urbanos, cientistas ambientais, economistas e cientistas sociais. Adoptaram uma abordagem integradora para estudar os sistemas urbanos, utilizando a análise de dados, a cartografia participativa e o planeamento de cenários.

o **Resultados**: A investigação interdisciplinar gerou recomendações baseadas em provas para políticas de desenvolvimento urbano sustentável, investimentos em infra-estruturas verdes e iniciativas de construção de resiliência comunitária. O projeto informou as decisões de planeamento urbano e contribuiu para transformações urbanas sustentáveis.

3. **Iniciativa para a adaptação às alterações climáticas**

o **Descrição geral do projeto**: Uma iniciativa de adaptação às alterações climáticas centrada no desenvolvimento de estratégias de resiliência para comunidades vulneráveis em regiões costeiras, integrando a ciência climática, a engenharia, a geografia social e a análise política.

o **Principais práticas**: A iniciativa formou uma equipa colaborativa de cientistas do clima, engenheiros, geógrafos sociais e decisores políticos. Utilizaram métodos interdisciplinares como a modelação de cenários, o envolvimento das partes interessadas e abordagens de governação adaptativa.

o **Resultados**: A abordagem interdisciplinar levou à co-conceção de planos de adaptação climática que abordaram a erosão costeira, os impactes da subida do nível do mar e os meios de subsistência da comunidade. A iniciativa facilitou a coprodução de conhecimentos entre investigadores, decisores políticos e comunidades locais, melhorando a capacidade de adaptação e promovendo o desenvolvimento sustentável.

Desafios e considerações

Apesar dos benefícios e das boas práticas da IDR, os investigadores devem estar cientes dos potenciais desafios e considerações:

1. **Ultrapassar as barreiras institucionais**

   o **Promover o apoio institucional**: Defender políticas e recursos institucionais que apoiem iniciativas de investigação interdisciplinares. Abordar barreiras como estruturas de financiamento, critérios de posse e promoção e processos administrativos que possam impedir a colaboração.

2. **Gerir a dinâmica da equipa**

   o **Abordar os desafios de comunicação**: Gerir de forma proactiva os desafios de comunicação e as diferenças disciplinares no seio da equipa interdisciplinar. Promover uma cultura de inclusão, respeito e feedback construtivo para mitigar potenciais conflitos.

3. **Garantir uma colaboração equitativa**

   o **Equilibrar a dinâmica do poder**: Reconhecer e abordar as dinâmicas de poder que podem surgir nas equipas interdisciplinares, particularmente entre disciplinas com diferentes níveis de influência ou recursos. Promover a participação equitativa e os processos de tomada de decisão.

4. **Avaliação do impacto interdisciplinar**

   o **Desenvolvimento de métricas de avaliação**: Desenvolver métricas e indicadores de avaliação sólidos para avaliar o impacto da investigação interdisciplinar na produção de conhecimentos, na mudança de políticas e nos resultados sociais. Considerar os impactos a longo prazo e as contribuições para os estudos interdisciplinares.

Conclusão

A implementação de práticas de investigação interdisciplinares eficazes requer uma combinação de planeamento estratégico, liderança colaborativa e empenho em abordagens integradoras. Ao adotar princípios de visão partilhada, respeito mútuo, comunicação eficaz e integração metodológica, os investigadores podem navegar por complexidades, tirar partido de conhecimentos diversos e alcançar resultados transformadores. Os estudos de casos ilustram a aplicação destes princípios em contextos reais, oferecendo conhecimentos valiosos e lições aprendidas para o avanço de iniciativas de investigação interdisciplinares.

No próximo capítulo, exploraremos as considerações éticas na investigação interdisciplinar, examinando os quadros éticos, os princípios e os desafios que os investigadores devem enfrentar quando realizam investigação colaborativa e integradora entre disciplinas. As considerações éticas são essenciais para promover práticas de investigação responsáveis, salvaguardar o bem-estar dos participantes e defender a integridade na investigação interdisciplinar.

Capítulo 7: Considerações éticas na investigação interdisciplinar

Introdução

As considerações éticas são fundamentais na investigação interdisciplinar (IDR), onde as colaborações entre disciplinas trazem desafios e oportunidades únicas. Este capítulo explora os enquadramentos, princípios e desafios éticos que os investigadores têm de enfrentar quando realizam IDR. Ao examinar as directrizes éticas, os estudos de casos e as questões emergentes, podemos compreender como defender a integridade, promover práticas de investigação responsáveis e salvaguardar o bem-estar dos participantes na investigação interdisciplinar.

Quadros e princípios éticos

Os quadros éticos fornecem orientações para os investigadores lidarem com questões éticas complexas em projectos IDR. Os principais princípios éticos incluem:

1. **Respeito pelas pessoas**

   o **Consentimento informado**: Assegurar que os participantes dão o seu consentimento voluntário e informado antes de participarem em actividades de investigação. Adaptar os processos de consentimento para acomodar diversas normas culturais, barreiras linguísticas e níveis de literacia em contextos interdisciplinares.

   o **Proteção de populações vulneráveis**: Identificar e mitigar os riscos para as populações vulneráveis, tais como comunidades marginalizadas ou indivíduos com capacidade limitada de tomada de decisões. Implementar salvaguardas adicionais para proteger os seus direitos e bem-estar.

2. **Beneficência e não maleficência**

   o **Maximização dos benefícios**: Esforçar-se por maximizar os potenciais benefícios e minimizar os danos para os participantes, colaboradores e comunidades afectadas. Considerar os potenciais impactos dos resultados da investigação no bem-estar da sociedade e na sustentabilidade ambiental.

- o **Avaliação e atenuação dos riscos**: Realizar avaliações de risco exaustivas para antecipar e atenuar os potenciais danos associados às actividades de investigação interdisciplinares. Desenvolver protocolos para responder a desafios éticos imprevistos e a resultados adversos.

3. **Justiça**

- o **Distribuição equitativa de benefícios e encargos**: Assegurar a distribuição equitativa dos benefícios, recursos e oportunidades da investigação entre os participantes e as instituições colaboradoras. Abordar as disparidades no acesso aos benefícios e resultados da investigação em diversas populações.

- o **Repartição justa dos riscos**: Atribuir de forma justa os riscos associados à participação na investigação, à partilha de dados e à divulgação dos resultados. Promover a transparência nos processos de decisão relacionados com a gestão de riscos e a afetação de recursos.

4. **Integridade e responsabilidade**

- o **Integridade da investigação**: Defender os princípios da integridade da investigação, incluindo a honestidade, a transparência e a responsabilidade em todos os aspectos da investigação interdisciplinar. Aderir a padrões éticos e normas disciplinares relevantes para cada disciplina envolvida.

- o **Gestão de conflitos de interesses**: Divulgar e gerir conflitos de interesses que possam surgir de colaborações interdisciplinares, fontes de financiamento ou afiliações profissionais. Implementar mecanismos de resolução de conflitos de interesses para manter a confiança e a credibilidade.

Desafios éticos na investigação interdisciplinar

A IDR apresenta desafios éticos únicos que exigem uma análise cuidadosa e uma gestão proactiva:

1. **Comunicação e compreensão interdisciplinares**

   o **Diferenças terminológicas**: Abordar as diferenças de terminologia disciplinar, metodologias e pressupostos epistemológicos que possam complicar a comunicação e a colaboração. Promover a compreensão mútua e o respeito pelas diversas perspectivas disciplinares.

   o **Interpretação de resultados**: Enfrentar os desafios relacionados com a interpretação dos resultados da investigação em várias disciplinas com diferentes quadros conceptuais e abordagens metodológicas. Promover o diálogo interdisciplinar e a reflexão crítica para melhorar a compreensão e a integração dos resultados.

2. **Partilha de dados e preocupações com a privacidade**

   o **Propriedade e acesso aos dados**: Estabelecer orientações claras para a propriedade dos dados, direitos de acesso e protocolos de partilha em colaborações de investigação interdisciplinares. Proteger a privacidade e a confidencialidade dos participantes, promovendo simultaneamente práticas responsáveis de gestão de dados.

   o **Transferência transfronteiriça de dados**: Abordar os requisitos legais e regulamentares para a transferência de dados transfronteiriços, especialmente quando se colabora com parceiros internacionais. Assegurar a conformidade com as leis de proteção de dados e as normas éticas em todas as jurisdições.

3. **Dinâmica do poder e equidade na colaboração**

   o **Equilibrar a dinâmica do poder**: Reconhecer e atenuar as diferenças de poder entre os membros de equipas interdisciplinares, particularmente entre investigadores seniores e juniores ou disciplinas dominantes e marginalizadas. Promover processos de tomada de decisão inclusivos e uma distribuição equitativa das contribuições intelectuais.

o **Autoria e atribuição**: Estabelecer critérios claros para a autoria e a atribuição de contribuições intelectuais em publicações interdisciplinares. Assegurar a transparência e a equidade no reconhecimento das contribuições individuais e colectivas para os resultados da investigação.

4. **Envolvimento da comunidade e das partes interessadas**

o **Consulta à comunidade**: Envolver as comunidades, as partes interessadas e as populações afectadas no processo de investigação através de um envolvimento significativo, consulta e abordagens participativas. Respeitar os sistemas de conhecimento locais, as práticas culturais e as prioridades da comunidade.

o **Partilha de benefícios**: Desenvolver estratégias para uma partilha equitativa dos benefícios com as comunidades e as partes interessadas que contribuem para as iniciativas de investigação interdisciplinar ou que são afectadas por estas. Promover a reciprocidade, o respeito mútuo e as parcerias a longo prazo com base em objectivos e valores partilhados.

Estudos de caso: Dilemas Éticos e Respostas na Investigação Interdisciplinar

A análise de estudos de casos ilustra a forma como os dilemas éticos surgem e são abordados em contextos de investigação interdisciplinares:

1. **Consórcio de Investigação Genómica**

o **Desafio ético**: Um consórcio de investigação genómica integra a genética, as ciências sociais e a investigação clínica para estudar a base genética de doenças complexas. Os dilemas éticos incluem o consentimento informado para testes genéticos, preocupações com a privacidade dos dados e acesso equitativo a terapias genéticas.

o **Resposta**: O consórcio implementa um processo de consentimento abrangente que inclui aconselhamento genético, protocolos de partilha de dados que preservam a privacidade e estratégias de envolvimento da comunidade. Os investigadores colaboram com especialistas em ética, decisores políticos e grupos de defesa dos doentes para abordar questões éticas e garantir uma condução responsável da investigação.

2. Projeto de adaptação às alterações climáticas

- **Desafio ético**: Um projeto interdisciplinar examina as estratégias de adaptação às alterações climáticas em comunidades costeiras vulneráveis. Os dilemas éticos incluem o equilíbrio entre os objectivos da investigação científica e as prioridades da comunidade, garantindo o consentimento informado em métodos de investigação participativa e a distribuição equitativa dos benefícios da investigação.

- **Resposta**: Os investigadores envolvem as comunidades locais na conceção participativa da investigação, dão prioridade às necessidades e preferências da comunidade e integram os conhecimentos locais nas estratégias de adaptação. Estabelecem conselhos consultivos comunitários, efectuam revisões éticas regulares e promovem iniciativas de reforço de capacidades para capacitar as partes interessadas da comunidade.

3. Inteligência artificial nos cuidados de saúde

- **Desafio ético**: Uma equipa interdisciplinar desenvolve tecnologias de cuidados de saúde baseadas em IA para melhorar a precisão dos diagnósticos e os resultados dos doentes. Os dilemas éticos incluem os riscos para a privacidade dos dados, o enviesamento algorítmico na tomada de decisões médicas e a garantia da autonomia do doente e do consentimento informado.

- **Resposta**: Os investigadores implementam algoritmos de IA que preservam a privacidade, efectuam avaliações de enviesamento e estratégias de mitigação e envolvem os prestadores de cuidados de saúde e os doentes na conceção conjunta de aplicações de IA. Respeitam as directrizes éticas para o desenvolvimento da IA, a validação clínica e a implementação responsável em contextos de cuidados de saúde.

Questões emergentes e direcções futuras

medida que os IDR continuam a evoluir, várias questões éticas emergentes merecem atenção e uma gestão proactiva:

1. **Inteligência Artificial e Ética dos Grandes Dados**

   o **Governação ética**: Desenvolver quadros éticos e orientações regulamentares para aplicações de investigação de IA e de grandes volumes de dados em domínios interdisciplinares. Abordar questões de equidade algorítmica, enviesamento de dados, transparência e responsabilidade em sistemas de tomada de decisões baseados em IA.

   o **Ética dos dados**: Promover práticas responsáveis de gestão de dados, incluindo a transparência dos dados, o consentimento informado, a proteção da privacidade dos dados e a gestão segura dos dados para além das fronteiras disciplinares.

2. **Equidade na saúde a nível mundial**

   o **Justiça sanitária**: Abordar as desigualdades na saúde a nível mundial através de iniciativas de investigação interdisciplinares que dão prioridade à justiça sanitária, ao acesso equitativo aos recursos de cuidados de saúde e aos determinantes sociais da saúde. Promover parcerias de investigação inclusivas e abordagens centradas na comunidade para melhorar os resultados em matéria de saúde a nível mundial.

3. **Justiça climática e ética ambiental**

   o **Sustentabilidade ambiental**: Integrar princípios de ética ambiental na investigação interdisciplinar sobre alterações climáticas, sustentabilidade e resiliência ecológica. Fomentar colaborações interdisciplinares que promovam a gestão ambiental, a conservação da biodiversidade e os objectivos de desenvolvimento sustentável.

Conclusão

As considerações éticas são fundamentais para a condução responsável da investigação interdisciplinar, garantindo a integridade, a justiça e o respeito por todas as partes interessadas envolvidas. Ao aderir a quadros éticos, enfrentar desafios complexos e aprender com estudos de casos e questões emergentes, os investigadores podem melhorar a qualidade ética e o impacto social das iniciativas de IDR. A adoção da ética interdisciplinar fomenta a confiança, promove a colaboração entre disciplinas e faz avançar os conhecimentos para enfrentar os desafios globais prementes.

No capítulo final, reflectiremos sobre o potencial transformador da investigação interdisciplinar, destacando as principais lições aprendidas, as orientações futuras e as recomendações para promover a colaboração interdisciplinar no meio académico, na indústria e na elaboração de políticas.

Capítulo 8: Reflexões e direcções futuras da investigação interdisciplinar

Introdução

A investigação interdisciplinar (IDR) surgiu como uma abordagem transformadora para enfrentar desafios globais complexos, integrando diversas perspectivas, metodologias e conhecimentos de várias disciplinas. Este capítulo final reflecte sobre a jornada da IDR, destacando as principais lições aprendidas, identificando tendências emergentes e delineando direcções futuras para o avanço da colaboração interdisciplinar na academia, na indústria e na elaboração de políticas.

Lições aprendidas com a investigação interdisciplinar

Reflectindo sobre a evolução dos IDR, surgiram várias lições fundamentais de iniciativas interdisciplinares bem sucedidas:

1. **Integração de perspectivas diversas**

   - A IDR facilita a integração de diversas perspectivas disciplinares para desenvolver soluções holísticas para problemas complexos.

   - **Lição**: Abraçar a diversidade disciplinar e promover uma cultura de abertura e respeito mútuo entre os membros da equipa para aproveitar todo o potencial da colaboração interdisciplinar.

2. **Inovação e criatividade**

   - A IDR incentiva o pensamento inovador e o desenvolvimento de novas abordagens que podem não ser possíveis no âmbito da investigação unidisciplinar.

   - **Lição**: Promover a criatividade interdisciplinar através do brainstorming colaborativo, da fertilização cruzada de ideias e da exploração de vias de investigação não convencionais.

3. **Impacto e relevância**

o A IDR aumenta a relevância e o impacto societal dos resultados da investigação ao abordar desafios do mundo real sob múltiplos ângulos.

o **Lição**: Envolver as partes interessadas no início do processo de investigação, dar prioridade às questões de investigação aplicada e aproveitar os conhecimentos interdisciplinares para informar as políticas e as práticas.

4. **Desafios e resiliência**

o A IDR implica ultrapassar desafios como os silos disciplinares, as barreiras de comunicação e as complexidades de financiamento.

o **Lição**: Desenvolver estratégias para gerir dinâmicas interdisciplinares, promover uma comunicação eficaz e defender políticas institucionais de apoio e mecanismos de financiamento.

Tendências emergentes na investigação interdisciplinar

Olhando para o futuro, várias tendências emergentes estão a moldar o panorama futuro da IDR:

1. **Avanços tecnológicos**

o **IA e aprendizagem automática**: Aproveitamento da IA e da aprendizagem automática para analisar grandes conjuntos de dados, prever fenómenos complexos e otimizar metodologias de investigação interdisciplinares.

o **Ciência de dados e Big Data**: Tirar partido da análise de grandes volumes de dados para descobrir padrões, tendências e correlações entre disciplinas, conduzindo a uma tomada de decisões baseada em factos.

2. **Colaboração intersectorial**

o **Parcerias com a indústria**: Reforço das colaborações entre o meio académico, a indústria e o governo para traduzir as inovações da investigação em aplicações práticas e impacto societal.

- o **Parcerias Público-Privadas**: Formar alianças para enfrentar grandes desafios como as alterações climáticas, as disparidades nos cuidados de saúde e os objectivos de desenvolvimento sustentável.

3. **Desafios globais e sustentabilidade**

   - o **Justiça climática**: Promoção da investigação interdisciplinar sobre resiliência climática, sustentabilidade ambiental e equidade social para atenuar os desafios globais.

   - o **Equidade na saúde**: Promover a justiça no domínio da saúde através de abordagens interdisciplinares que abordem as disparidades no acesso aos cuidados de saúde, na prevenção de doenças e nas políticas de saúde pública.

4. **Implicações éticas e sociais**

   - o **Governação ética**: Desenvolvimento de quadros éticos e orientações para enfrentar os desafios éticos em matéria de IA, grandes volumes de dados, investigação genómica e equidade na saúde mundial.

   - o **Impacto social**: Avaliação dos impactos sociais, culturais e económicos de iniciativas de investigação interdisciplinares em diversas comunidades e partes interessadas.

Recomendações para promover a colaboração interdisciplinar

Para capitalizar o potencial transformador dos IDR e enfrentar os desafios futuros, são propostas as seguintes recomendações:

1. **Políticas institucionais de apoio**

   - o Defender políticas institucionais que reconheçam e recompensem os contributos da investigação interdisciplinar nas avaliações de promoção e de titularidade.

   - o Criar centros de investigação interdisciplinares, mecanismos de financiamento e plataformas de colaboração para facilitar a colaboração interdisciplinar.

2. **Reforço das capacidades e formação**

o Desenvolver programas de formação interdisciplinares, workshops e oportunidades de orientação para melhorar as competências dos investigadores na resolução colaborativa de problemas, na comunicação e na gestão de projectos.

o Promover a literacia interdisciplinar entre os estudantes de pós-graduação e os investigadores em início de carreira através de cursos interdisciplinares e da aprendizagem experimental.

3. Envolvimento da comunidade e das partes interessadas

o Promover o envolvimento inclusivo de diversas partes interessadas, incluindo comunidades, decisores políticos, parceiros industriais e organizações não governamentais (ONG), no processo de investigação.

o Aplicar métodos de investigação participativa, iniciativas de ciência cidadã e abordagens de co-conceção para coproduzir conhecimentos e promover a tomada de decisões em colaboração.

4. Directrizes éticas e conduta responsável

o Estabelecer orientações e princípios éticos claros para a realização de investigação interdisciplinar, abordando questões como o consentimento informado, a privacidade dos dados, a sensibilidade cultural e a partilha equitativa de benefícios.

o Integrar a formação ética e as revisões éticas contínuas em projectos de investigação interdisciplinares para defender a integridade e a responsabilidade.

5. Iniciativas de financiamento interdisciplinares

o Defender iniciativas de financiamento interdisciplinares que apoiem projectos de investigação inovadores, parcerias intersectoriais e propostas de subvenções em colaboração.

o Incentivar as agências de financiamento a dar prioridade a propostas de investigação interdisciplinares que abordem grandes desafios, promovam a integração de conhecimentos e fomentem soluções sustentáveis.

Estudos de casos: Exemplos de Impacto Interdisciplinar

O destaque dado a estudos de casos bem sucedidos demonstra o potencial transformador da IDR na abordagem de desafios globais prementes:

1. **Iniciativa de medicina de precisão**

   o **Impacto**: Revolucionar os cuidados de saúde através da integração da investigação genómica, dos ensaios clínicos e da análise de dados para personalizar o tratamento e melhorar os resultados dos doentes.

   o **Lições**: Dar ênfase à colaboração interdisciplinar, à integração de dados e às considerações éticas para promover a medicina de precisão e a equidade na saúde a nível mundial.

2. **Cidades inteligentes e sustentabilidade urbana**

   o **Impacto**: Reforçar a resiliência e a sustentabilidade urbanas através de investigação interdisciplinar sobre tecnologias inteligentes, planeamento urbano e ciências ambientais.

   o **Lições**: Promover abordagens interdisciplinares ao desenvolvimento urbano, ao envolvimento da comunidade e à inovação política para criar cidades habitáveis e inclusivas.

3. **Equidade na saúde a nível mundial**

   o **Impacto**: Abordar as disparidades no domínio da saúde e promover a justiça sanitária através da investigação interdisciplinar sobre doenças infecciosas, intervenções no domínio da saúde pública e acesso aos cuidados de saúde.

   o **Ensinamentos**: Defender parcerias interdisciplinares, governação ética e implementação de políticas para alcançar resultados de saúde equitativos em todo o mundo.

Conclusão

A investigação interdisciplinar representa uma mudança de paradigma na forma como abordamos desafios complexos, oferecendo soluções inovadoras que transcendem as fronteiras disciplinares. Ao abraçar a diversidade, fomentar a colaboração e integrar considerações éticas, os investigadores podem aproveitar todo o potencial da IDR para impulsionar mudanças sociais positivas e o desenvolvimento sustentável.

À medida que navegamos na paisagem em evolução da investigação interdisciplinar, a aprendizagem contínua, a adaptação às tendências emergentes e o compromisso com a integridade ética serão essenciais. Aproveitando as lições aprendidas, abraçando as oportunidades emergentes e dando prioridade à colaboração interdisciplinar, podemos coletivamente fazer avançar os conhecimentos, enfrentar os desafios globais e criar um mundo mais resistente e equitativo através da investigação interdisciplinar.

Concluímos assim a nossa exploração da investigação interdisciplinar. Que a jornada de colaboração, inovação e impacto continue a inspirar as futuras gerações de investigadores e profissionais a seguir abordagens interdisciplinares para enfrentar os desafios mais prementes do mundo.

Referências:

- Aagaard-Hansen J, Ouma JH. Gerir a Investigação Interdisciplinar em Saúde - Aspectos Teóricos e Práticos. *Revista Internacional de Planeamento e Gestão da Saúde.* 2002;17(3):195-212. [PubMed] [Google Scholar]

- Allen MW. Communication and Organizational Commitment:Perceived Organizational Support as a Mediating Fator. *Communication Quarterly.* 1992;40(4):357-67. [Google Scholar].

- Anderson SG. The Collaborative Research Process in Complex Human Services Agencies: Identifying and Responding to Organizational Constraints. *Administração em Serviço Social.* 2001;25(4):1-19. [Google Scholar].

- Aram JD. Conceitos de Interdisciplinaridade: Configurações do Conhecimento e da Ação. *Relações Humanas.* 2004;57(4):379-412. [Google Scholar].

- Austin DE. Etnografia de equipa colaborativa com base na comunidade: uma parceria comunidade-universidade-agência. *Human Organization.* 2003;62(2):143-52. [Google Scholar].

- Baba ML, Gluesing J, Ratner H, Wagner KH. The Contexts of Knowing: Natural History of a Globally Distributed Team (Os Contextos do Saber: História Natural de uma Equipa Globalmente Distribuída). *Journal of Organizational Behavior.* 2004;25(5):547-87. [Google Scholar].

- Barnes T, Pashby I, Gibbons A. Effective University-Industry Interaction:A Multi-Case Evaluation of Collaborative R&D Projects. *European Management Journal.* 2002;20:272-85. [Google Scholar].

- Beersma B, Hollenbeck JR, Humphrey SE, Moon H, Conlon DE. Cooperation, Competition, and Team Performance: Toward a Contingency Approach. *Academy of Management Journal.* 2003;46(5):572-90. [Google Scholar].

- Berkowitz B. Collaboration for Health Improvement:Models for State, Community, and Academic Partnerships (Colaboração para a melhoria da saúde: modelos para parcerias estatais, comunitárias e académicas). *Journal of Public Health Management and Practice.* 2000;6(1):67-72. [PubMed] [Google Scholar]

- Bisby M. Models and Mechanisms for Building and Funding Partnerships (Modelos e mecanismos para criar e financiar parcerias). *Infection Control and Hospital Epidemiology.* 2001;22(9):585-8. Discussão 93-5. [PubMed] [Google Scholar]

- Bloedon RV, Stokes DR. Making University-Industry Collaborative Research Succeed. *Research-Technology Management.* 1994;37(2):44-8. [Google Scholar].

- Direção dos Serviços de Cuidados de Saúde, I. O. M. *Áreas prioritárias para a ação nacional: Transforming Health Care Quality.* Washington, DC: National Academies Press; 2003. [PubMed] [Google Scholar]

- Cheadle A, Sullivan M, Krieger J, Ciske S, Shaw M, Schier JK, Eisinger A. Utilização de uma abordagem participativa para prestar assistência a organizações de base comunitária: The Seattle Partners Community Research Center. *Health Education and Behavior.* 2002;29(3):383-94. [PubMed] [Google Scholar]

- Cummings JN. Work Groups, Structural Diversity, and Knowledge Sharing in a Global Organization [Grupos de Trabalho, Diversidade Estrutural e Partilha de Conhecimentos numa Organização Global]. *Management Science.* 2004;50(3):352-64. [Google Scholar].

- Cunningham PJ. Medicaid Cost Containment and Access to Prescription Drugs. *Health Affairs (Millwood)* 2005;24(3):780-9. [PubMed] [Google Scholar]

- Daniels J. The Collaborative Experience-At Their Best, Teams Can Be the Core of Innovation, Productivity, and Effectiveness. Mas sem uma liderança adequada, as equipas podem desperdiçar tempo e destruir as relações de trabalho interpessoais. O bom desempenho das equipas não se baseia na química ou na sorte. *Industrial Management.* 2004;46(3):27. [Google Scholar].

- Dodgson M. The Strategic Management of R&D Collaboration (A gestão estratégica da colaboração em I&D). *Technology Analysis and Strategic Management*. 1992;4(3):227. [Google Scholar].

Printed by Books on Demand GmbH, Norderstedt / Germany